心灵的灯塔 成功的向导

用希望开拓人生之路

主编 拾月
编著 冯雪

图书在版编目(CIP)数据

心灵的灯塔　成功的向导：用希望开拓人生之路 / 冯雪编著. -- 北京：现代出版社, 2015.4（2024.4重印）
ISBN 978-7-5143-3512-5

Ⅰ. ①心… Ⅱ. ①冯… Ⅲ. ①成功心理－青少年读物 Ⅳ. ①B848.4-49

中国版本图书馆 CIP 数据核字(2015)第 067826 号

心灵的灯塔　成功的向导：用希望开拓人生之路

主　　编　拾　月
编　　著　冯　雪
责任编辑　王敬一
内文制作　诚美天下文化传播有限公司
出版发行　现代出版社
地　　址　北京市安定门外安华里 504 号
邮　　编　100011
电　　话　(010)64267325
传　　真　(010)64245264
邮　　箱　xiandai@cnpitc.com.cn
网　　址　www.1980xd.com
印　　刷　唐山富达印务有限公司
开　　本　700mmx1000mm　1/16
印　　张　9
版　　次　2015 年 5 月第 1 版　2024 年 4 月第 4 次印刷
书　　号　ISBN 978-7-5143-3512-5
定　　价　57.00 元

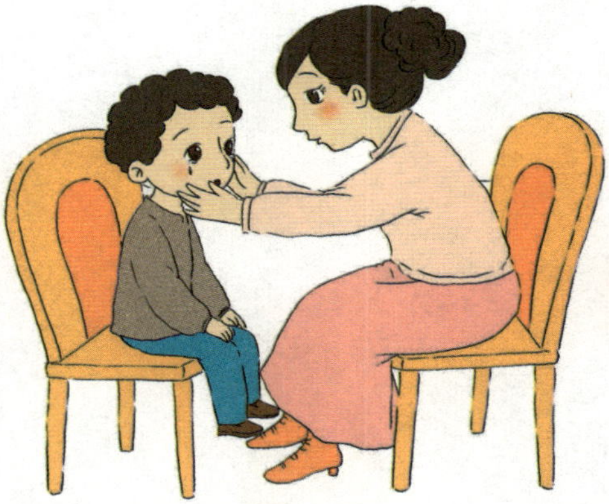

前言

青少年是社会的宝贵财富，是人类的希望和未来，正所谓“少年强则国强”。为此，大至一个国家、一个民族，小至一个家庭、一个家族，都特别重视青少年的教育问题。希望他们成为社会的中坚，家族的骄傲。一句话，就是希望他们成为成功的人。于国，能成为有用的人才；于家，能成为顶梁柱。不仅仅要学习好，还要有辨别人世间善、恶、美、丑的能力。在每个人的人生中，除了需要自身的因素之外，还需要拥有感受世界的能力。

恩师、成长，是人生成长、受业与收获，恩师给予我们知识、道理，最终收获了成长。

创意、希望，是对未来充满了信心和奋斗的勇气。

辩证、改变，是让我们学会理性而冷静地面对人生。

犹豫、内疚，是内心的一个警钟，让我们时刻保持着自信。

谦卑、焦虑，是对于生命真谛的领悟。

青春，是人最美好的一段时光，也是人格、性格定型的重要阶段，在这个时期，我们需要享受青春的快乐，同时也需要完成自我塑造。通过心理自助，最终从一个小男生、小女生逐渐成长为一个有着健全人格的人，成长为一个对社会、对家庭、对自我有着相对完整认知的人，成长为能够为自己的未来做主的人。这才是一个最充实、最有价值的青春。每个梦想都值得我们认真对待，每个青少年都是未来的希望。在青春中我们不仅要有欢乐，同时也要拥有未来！

本丛书是你化解烦恼的“心灵鸡汤”，可以给你快乐的心理自助；本丛书会让你认识到：掌控心理，方能掌控世界；改变自己，才能改变一切。本丛书还将告诉你：只有实现积极的心理自助，才能收获快乐而充实的青春。

目录

第一篇 唤醒希望,从心态与行动开始

第二篇 实现梦想,不要让幸福在门外徘徊

第三篇 锲而不舍,打开希望的天窗

目录

第四篇 从新的角度,发现新的精彩

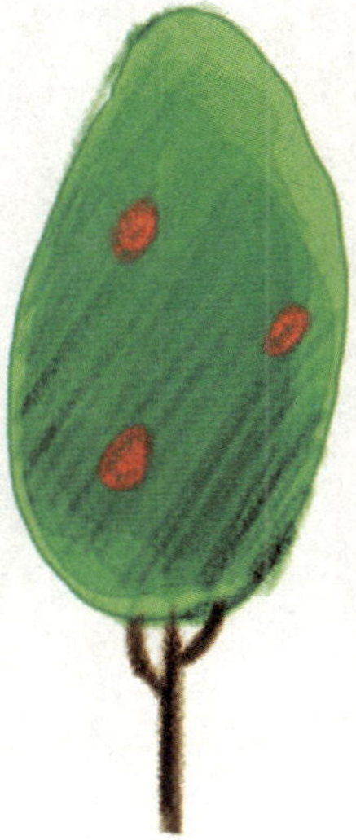

第五篇 绚丽人生,带着希望上路

第一篇

唤醒希望，从心态与行动开始

人的生命旅程，都如同坐上了过山车一般，有辉煌璀璨的巅峰时刻，也会有沮丧绝望的低谷时期，但无论我们身处怎样的时期，都应该在心中给自己留一个希望。心里有希望，就好比在黑夜中拥有一盏明灯，既能够指引我们前进的方向，也能给予我们无穷的力量。

心存希望，生活不会迷失方向

故事话题

从小，她就和别的小朋友们不同，因为她自幼就身患小儿麻痹症，尽管最终痊愈，但是她仍然行走不便。出于自卑，她拒绝所有人的友好和靠近，但只有她的邻居——一个因为二战而失去一条胳膊的老爷爷，和小女孩关系非常好。

老人非常乐观，他常常会带着小女孩去广场上看其他人活动。有一天，老人用一只胳膊推着小女孩的轮椅，恰好广场上有一些小孩子正在练习合唱，老人就对小女孩说："你听，他们唱得多好啊，我们去给他们鼓掌吧。"

小女孩听完，转过头质疑地看了看老人，问道：“老爷爷，你只有一条胳膊，怎么给人鼓掌啊？”

老人笑了笑，解开了衬衣的扣子，露出了自己的胸膛，用手掌拍着胸膛，同样发出了类似鼓掌的声音。老人告诉小女孩：“只要努力，一只手的人同样能够为他人鼓掌喝彩，只要心中有希望，你也可以站起来。”

老人的话如同一把钥匙打开了小女孩的心扉。一直以来，医生都告诉她，她的病情并不算十分严重，如果治疗得好，是完全有可能和普通人一样的。但是女孩始终怀疑着医生的话，不肯配合。可是在这一天晚上，她非常坚定地告诉父亲，她要开始治疗，因为她相信，总有一天，她能够像其他小孩子那样行走、奔跑。

终于，经过长时间的治疗，11 岁的时候，她扔掉了拐杖和支架。这个女孩就是奥运会冠军威尔玛•鲁道夫，在 1960 年罗马奥运会女子 100 米跑的决赛上，她如同一匹黑马冲过了终点。谁又能想到，在赛场上拼搏的女子在几年前竟然是一个小儿麻痹症患者呢？

故事解析

希望，就如同我们内心深处的火种，尽管这份火种看不见摸不着，可是当我们身处低谷的时候，这份希望火种却能够让我们拥有坚持下去的勇气。

老人在威尔玛·鲁道夫的心里种下了希望的火种，改变了她的人生。这就是希望的力量。希望能够支撑我们走过最寒冷的黑夜，也能带我们穿越人生的沙漠。

人们常常把梦想和希望弄混，认为梦想就等同于希望，其实并不是这样。梦想，是我们对人生的一种最美好的诠释，具有一种单一性，但是希望则不同。在生活、工作的方方面面，都能够心存希望，而且希望并不仅仅是非常宏大的、遥远的，同样也能够是短期的，具象的。

无论这个希望多小，都能够在我们的内心深处起到关键性的作用，成为战胜苦难、坚持下去的动力。

故事穿越

曾经，有一位演奏二胡的盲人，他带着自己的一把二胡，走遍了祖国的山山水水，但是他并不仅仅是为了游山玩水，而是为了一个希望。他希望自己能够重见光明，在有生之年，能够看看这个世界。为了找寻名医，他带着二胡遍访名医，一边拉二胡一边为自己看病，可是每一个看过的医生都说没有办法。

有一天，这名盲人遇到了一个道士，道士非常真诚地对他说：“看你如此诚心，你我也是有缘，我送给你一个药方，保证能让你满意。不过，我有一个条件，就是你必须在拉断了 1000 根琴弦之后，才能看这个药方，否则就不灵验了。”

盲人一听，连忙拜谢。从此他便专心致志地演奏二胡，时间久了，有很多也想学习二胡的人找他来拜师，其中一个同样是盲人的小孩吸引了他的注意，于是盲人就将他收为弟子。

转眼，几十个年头过去了，他也终于拉断了 1000 根琴弦。盲人连忙找来一个明眼人帮忙看看药方上究竟写了些什么。明眼人接过来一看，吃惊地说道：“这分明就是一张白纸啊，上面没有一个字。”

盲人听后，潸然泪下，他终于明白道士并非是真的能够给自己治病，却在他的心中种下了一颗希望的火种。就为了这样一个希望，他坚持演奏了 53 年，耗费了 1000 根琴弦，并且最终成为一位二胡演奏家，他就是创作了《二泉映月》的阿炳。

故事微语

阿炳心怀希望，尽管最终他没有治好自己的眼睛，可是却因此收获了另一片天空。

每个人的内心中都会有希望，这个希望可以是生活中的方方面面，能够成为长久的，也能够是阶段性的。当我们心中有了一个长远的希望，就能够给予我们无穷的动力。这种动力能够让我们忍受住长时间的寂寞，也能够经得起岁月的蹉跎。

心怀希望，能够让我们在奋斗道路上充满了动力。即便是面对着最难以解决的困难，也能够镇定自若、泰然处之。

心怀希望，就是人生旅途中的指路明灯。即便是在面对人生中最黑暗的坎坷，也能够冲破这种绝望。

心灵箴言

永远没有人力可以击退一个坚决强毅的希望。

——[英] 查理·金斯莱

希望是坚韧的拐杖，忍耐是旅行袋，携带它们，人可以登上永恒之旅。

——[英] 罗素

我的希望是想确定因为我生活在这个世界上，才使这个世界变得好了一些。

——[美] 林肯

幸运的不是始终去做你所希望做的事而是始终希望达到你所做的事情的目的。

——[俄] 列夫·托尔斯泰

不欺小节，拧紧人生的每个螺栓

故事话题

雷锋同志在参军之后不久，就跟随张书记到工厂里实习。在去往工厂的路上，雷锋不小心踩到了一枚螺丝钉，他一脚就将螺丝钉踢到了别处。可是张书记看到之后，连忙走上前，弯腰将这枚螺丝钉捡了起来，严肃地对雷锋说道："这枚螺丝钉或许会有别的用处，如果踢走了，就没有了。不要看它小，不在意它的价值。"

雷锋来到工厂里，随着张书记和厂长在工厂内视察，突然张书记问道："厂长同志，我想问你个问题，如果机床上少了一颗螺丝钉的话，机床还能够转动吗？"

厂长虽然不太明白张书记这样问的意义何在，但仍然回答说："那自然是无法运营了。"

张书记转过头看了看雷锋，说道："雷锋，你明白了吗？一个小小的螺丝钉，机器上少了它可不行！革命也是这样，我们这些人就是大大小小的螺丝钉，缺了谁都不行！"

雷锋终于明白了张书记刚才为什么要让他将螺丝钉收好的用意了，后来在自己的日记里写道："虽然是一枚小小的螺丝钉，可是任何机器都不能缺少它。一个人的作用对于革命事业来说，就如一架机器上的一颗螺丝钉。"

故事解析

任何一个细微的小节，都有可能成为人生之中的重大转折。如同雷锋同志在日记中所说，我们每个人的生命都是一台机器，那些细节就好比是螺丝钉，想要让机器能够运行下去，就必须拧紧这些螺丝钉，让它们充分发挥出自己的作用来。

我们常常都会说，“一屋不扫何以扫天下。”意思就是说要注重人生之中的细节，这些细节都不重视，如何能够去重视整个人生呢？

有人曾经有这样的误区，认为成大事者就要不拘小节，但实际上，这句话并非是要让人们忽略细节，而是要在心态上宽容面对。

重视细节，才能及时发现问题，进而做到及时止损；重视细节，才能让自己抓住每一次机遇，做好充分的准备；重视细节，更能够促进我们的进步，从而获得成功的人生。

故事穿越

我们的生活中总是会遇到各种各样的琐碎的小事，但是不能因为这些事情小，就不去在意，只有这样才能让我们通往成功。

1960 年 3 月，前苏联宇航局为了完成人类第一次在人太空飞行，便开始招募了 20 名宇航员，进行太空生存方面的训练。经过很长时间之后，最终选定的宇航员叫加加林。

在众多宇航员中，加加林各方面的能力都很均衡，并非是唯一的人选。之所以选择了他是因为一个非常偶然的事件。

那是发生在东方 1 号宇宙飞船还没有竣工的时候，受训的宇航员第一次看到这个“大家伙”，设计师邀请几位宇航员到宇宙飞船内部的餐馆，加加林是人选之内。在走进宇宙飞船之前，其他宇航员都是直接进入，只有加加林一个人脱下了鞋子，走了进去。他的这个举动博得了主要设计师科罗廖夫的好感，他认为只有能够注意到这些细节的人才是真正热爱他倾注了全部心血的飞船的人。所以在最终的投票表决的时候，他将关键一票投给了加加林，让加加林成为第一个登上宇宙的飞行员。

故事微语

一个细节，不仅能成为我们人生的转折点，更能够体现出我们对待事物的态度，以及其他的方方面面。加加林之所以能够被设计师选中，就是因为脱鞋进入机舱这样一个细小的动作。

通过这个动作，设计师感受到的是加加林对于宇宙飞船的珍惜，是加加林对这次任务的重视，是加加林个人对航天事业的喜爱。而这些恰好都是一个优秀的宇航员所必须的素质。

曾经有一段时间，“行为心理学”非常火爆，出现了很多畅销书，一个人在不经意间做出的细微的动作却能够真实地反映出每个人心中所想，这就是细节的力量。

细节，对于每个人而言都非常重要，因为正是这些细节才构建出我们最完整的人生。所以不要忽视细节的力量，让它成为我们走向成功的阶梯。

心灵箴言

要学孩子们，他们从不怀疑未来的希望。

——[印度] 泰戈尔

生活于愿望之中而没有希望，是人生最大的悲哀。

——[意大利] 但丁

幸运并非没有许多的恐惧与烦恼；厄运也并非没有许多的安慰与希望。

——[英] 培根

希望与忧虑是分不开的，从来没有无希望的忧虑，也没有无忧虑的希望。

——[法] 拉罗什富科

全力以赴，功成名就的可靠保障

故事话题

民族英雄文天祥的一生就如同他在《过零丁洋》中所写的那样："人生自古谁无死？留取丹心照汗青。"

文天祥年仅 20 岁的时候就考取了功名，他心中的偶像是欧阳修，曾经立志要成为像欧阳修那样为国为民的好官："如果不成为其中的一员，就不是真正的男子汉。"然而，当时南宋已经是强弩之末，文天祥只能抱着必死的决心，坚决反抗元朝的侵略。

尽管文天祥是文官出身，并没有受过太多的战场上的实战机会，可是他仍然拿出自己的全部积蓄，用来招兵买马，即便是朝廷已经溃不成军，可是他仍然愿意凭借着自己的力量来挽救自己的民族。

然而，文天祥驻扎南岭的时候，由于属下黎贵达暗中被元朝军队的人收买而被俘虏，面对着元朝的官兵，无论是威逼利诱，他始终都保持着高贵的民族气节，从容赴死。在刑场上，文天祥先是对着南方（南宋的方向）深深叩拜，之后，对刽子手说道："我的事情办完了。"最终，文天祥牺牲了，年仅 47 岁。

故事解析

每个人都曾经有过自己心中的梦想，为了实现自己的抱负，我们就必须要全力以赴、竭尽所能。

文天祥为了兑现自己年轻时候的誓言，在面对强悍的元军的时候，毫无退缩之意。就是这种不计得失、全力以赴的心态，让他成为为了民族而战、为了气节而亡的民族英雄。

无论面对怎样的情形，只要我们能够拿出全力以赴的精神，任何恐惧都变得微不足道。所以，无论是面对生活，还是面对梦想，只要拿出全力以赴的姿态，就能够更加接近成功，让我们变得无所畏惧。

故事穿越

北宋时期著名的政治家、文学家范仲淹自幼家境贫寒，可是他勤奋好学，并且心怀大志。这份志向并不仅仅是和其他读书郎一样要考取功名，而是要做一个为国为民的清官、忠臣。为了达成这个目标，他在读书时期，全力以赴，丝毫不敢浪费任何时间。

在应天府书院学习的时候，范仲淹每天除了做些义工抵掉学费之外，其他的时间都用来学习。别的同学因为学习累了，常常会到学院外面放松心情，又或者是去浏览下风景。可是范仲淹却从来都不浪费这样的时间。

有一次，宋真宗出行路过应天府书院所在的城市，引起了不少的骚动，不论是书院的学生，还是这个城市的黎民百姓，都争先恐后地跑到外面去看热闹，就算是看不到皇帝本人的模样，能够看看皇家的仪仗也是极好的。

一名和范仲淹关系较好的同学也慌慌张张地准备到外面去看热闹，临走前他连忙跑到图书馆去叫范仲淹，可是范仲淹却连头都不抬，只是淡淡地说：“将来再见也不晚。”

正是因为这样的全力以赴，最终，范仲淹凭借着自己出色的才华，不仅考取了功名，甚至成为北宋时期不可多得的思想家、政治家、文学家和军事家。

故事微语

全力以赴，才能让我们更加接近成功。每个人就好比是一处看不到尽头的宝藏，有无穷的潜力，想要挖掘出这些潜力，就需要自己达到一种状态，而这种状态就是全力以赴。

全力以赴，能够激发出我们的潜力，创造出无限的可能。就好比人到了最危机的关头，力量就会比平时大很多一样。所以，以全力以赴的姿态去面对人生的种种挑战，就能够收获最终的成功。

在我们的人生中，总会遇到各种诱惑，甚至能够让我们忘记了初衷。可是当我们拿出了全力以赴的勇气和决心，便能够阻挡这一切。

纵观历史上的成功人士，在他们的奋斗道路上，全都是拼尽全力地付出和努力，才最终拥有了成功。尽管全力以赴并不等于一定能够成功，可却让我们更加靠近成功。所以，全力以赴地面对梦想吧，在这条路上没有捷径。

心灵箴言

有自信，然后全力以赴。

——[美] 威尔逊总统

发明的秘诀在不断的努力。

——[英] 牛顿

拼着一切代价，奔你的前程。

——[法] 巴尔扎克

必须在奋斗中求生存，求发展。

——茅盾

成功之路无他，凡事全力以赴，不可存沽名钓誉之心。

——[美] 朗费罗

敢于担当，责任让你与众不同

故事话题

世界著名的思想家、革命家列宁同志是一个非常有责任感的人，这源于小时候母亲对他的教育。

在他小的时候，有一天母亲带着他去姑姑家做客。在和其他小朋友玩耍的时候，一个不小心，列宁就把转角处的一个花瓶打碎了。

姑姑听到了声响，连忙走过来询问："是谁打破了花瓶？"

其他小朋友连忙摆摆手，纷纷表示不是自己。而列宁也因为担心挨骂撒了谎，也和其他小朋友一样说不是自己做的。

回到家中，母亲看到列宁不愿意说话，就猜到了他心中有心事，来回一琢磨，就明白了究竟是怎么回事。可是她并不想直接拆穿列宁，而是给列宁讲了一个关于诚实的故事。列宁一听就哭了，他主动说："妈妈对不起，我欺骗了姑姑，其实那个花瓶就是我打碎的。"

母亲说道："你是我的儿子，我一定会原谅你，可是你不觉得你更应该和你的姑姑去道歉吗？"

列宁点了点头，连忙拿出纸笔，给姑姑写信承认了自己的错误。在此之后，列宁不仅仅成为了一个诚实可信的人，更是明白了无论是任何事情，都需要承担自己的责任。

故事解析

责任，是每个人都需要承担的，可是面对责任，却拥有两种不同的态度，这两种态度也会带来两种截然不同的结果。

当我们勇于承担，做一个负责任的人，无论是生活还是事业，我们都能开辟出一个新的天地；当我们逃避责任，永远不敢站出来承担，那么注定了，就要做一个生活中的弱者。

责任对于每个人而言都是公平的，正如同电影《蜘蛛侠》中最经典的那句台词所说：“能力越大，责任越大。”

敢于承担责任，在别人眼中，你就是一个值得信任和依赖的人，这一点非常重要。不仅能够为我们带来良好的人际关系，还能够让我们更容易收获机遇。

做一个敢于承担责任的人，更是为了自己的负责。每个人的人生都只有一次，没有重来的机会，所以敢于承担，更是对自己人生的一种态度。

故事穿越

美国首任总统，被称作“美国国父”的华盛顿在小的时候也曾经犯过类似的错误，同样也是在错误中认识到勇于承担的重要性。

在华盛顿很小的时候，有一次他的父亲准备了一把小斧子作为礼物送给了他。他非常高兴，就拿着斧子在花园中玩耍，在花园中种植着一棵樱桃树，华盛顿心想，正好用这棵树来试一下我的斧头是不是锋利。于是，他就砍了这棵树苗，还用树枝做了玩具。

等到父亲下班回家之后，看到好不容易种植的樱桃树就这样被毁了，非常生气，他在花园里大喊：“到底是谁弄的！”

在屋子里的华盛顿听到父亲的喊声，也知道自己闯祸了，他很害怕会被处罚，可是他还是鼓足了勇气走到花园里，低着头对父亲说道：“父亲，樱桃树是我砍坏的。我只想试试斧头的。”

父亲看到尽管儿子心里非常害怕，可是仍然勇敢地承担起自己的责任，非常高兴，他立刻表扬了华盛顿这种勇于承担的精神。

故事微语

面对责任，或许我们都曾经因为种种原因，在内心中想过要逃避，就如同列宁最初并不敢站出来说花瓶是自己无意中碰到的一样。可是这种逃避不过是自欺欺人而已。

在每个人站出来承担责任的时候，内心都会经历一番挣扎，就如同华盛顿站出来的时候一样。可责任并不会因为我们的退缩就真正消失，无论结果怎样，无论这份责任是好是坏，我们都不能逃避。因为只有去承担和面对，才能让我们真正懂得肩上的重量。

责任，是生命对于我们的考验，是人生赋予我们的义务，更是我们勇敢承担的重任。敢于承担责任的人，才能更加接近成功。

心灵箴言

要使一个人显示他的本质，叫他承担一种责任是最有效的办法。

——[英] 毛姆

有无责任心，将决定生活、家庭、工作、学习成功和失败。这在人与人的所有关系中也无所不及。

——[俄] 托尔斯泰

每个人都被生命询问,而他只有用自己的生命才能回答此问题；只有以“负责”来答复生命。因此，“能够负责”是人类存在最重要的本质。

——[英] 维克多·费兰克

每一个人都应该有这样的信心：人所能负的责任，我必能负；人所不能负的责任，我亦能负。如此，你才能磨炼自己，求得更高的知识而进入更高的境界。

——[美] 林肯

打破偏见，敢于突破人生壁垒

故事话题

1590年之前，人们普遍有这样一个认知——如果两个东西同时从高处落下来，一定是重的东西先落到地面上，轻的物品后落到地面上。

这个理论是亚里斯多德提出的“物体下落速度和重量成比例”的学说，它曾经长达1900年占据着人们的思想，甚至从一种学说变成了普遍的常识。

然而，在1590年，一个实验打破了这个学说。伽利略拿着各种物质、大小不一、重量不一的球来到比萨斜塔，他要证明，任何物质的球从同一高度落下的话，几乎是同时落到地面的。

他的这种说法遭到了很多人的嘲笑，甚至没有人认为就伽利略的话是正确的。这一天，很多人都来到了比萨斜塔外面，想要观看伽利略的这次试验。

通过几组数据，围观的人全部惊呆了，无论是空心铁球，还是实心铁球，又或者是木球，从同一高度同时下落的话，几乎都是同时落地。

就在所有围观者全都目瞪口呆的时候，伽利略这才讲出了试验原理，也就是他最著名的理论——自由落体定律。

故事解析

在这个实验之前，人们总是想当然地认为，其实在我们的现实生活中同样如此。对待身边的人和事，我们总是非常主观地去判断，甚至这种主观有可能就是错误的，可仍然不自知，所以就只能在恶性循环中无尽地循环下去。错误和习惯就如同雪球一样，越滚越大。

在人们心中，总是会有自己早已习惯的思维方式，这种方式和每个人所处的环境、接受的教育等多方面都有着密切的关系。可是想要打破这种思维和认知，需要的并不仅仅是创新的意识，也要有创新的勇气。

勇敢地打破思维上的禁锢和偏见，不仅能够创造出新的天地，也能收获人生的成功。

故事穿越

在人类的发展进程中，由于时代的局限性，有过很多并非真理的理论却长期统治着人们的思想，尽管如此，仍然无法挡住人们寻求真理的决心和勇气。

在哥白尼提出“日心说”之前，古希腊学者欧多克斯提出的“地心说”认为，宇宙就是一个有限的球体，分为天地两层，地球就是宇宙的中心，所以太阳、月亮等天体都围绕地球运行，物体总是落向地面。人类居住的地球，则静静地屹立在宇宙中心。

可是随着时间的推移，“地心说”逐渐成为宗教统治地位的工具，哥白尼却勇敢地打破了这种个思想上的束缚，提出了“日心说”理论，首次告诉世人，地球是一个不断运行的球体，并非是一种平面。

当哥白尼发表了这种理论之后，立刻就成为其他天文学家抨击的对象，只有少数的天文学家表示支持哥白尼的理论。在宗教势力大肆打击他的时候，为了生存，他不得已逃到了其他国家，并且过着非常清贫的日子。可即便如此，他仍然坚持着自己的理论。最终，时间证明了哥白尼的正确。

故事微语

有很多时候，我们常常都有这样的感觉，人生不过就是一个七日接着另一个七日，似乎每天我们都在重复着同样的事情，有什么无形的东西在禁锢着我们的思想。其实，想要打破这种禁锢，只需要勇敢地跨出一步。

在人类的进程中，我们每一次前进，都离不开“创新”，更离不开“打破思想禁锢”。或许有人会认为，无论是伽利略还是哥白尼，都离我们普通人的生活太过遥远，似乎创新在我们的生活和工作中的作用并不大。

这当然是一种错误的观点。有了创新，生活就仿佛是插上了一双翅膀，能够自由自在地飞翔；有了创新，就如同手中握着一根彩色的铅笔，为生活增添一抹色彩。

心灵箴言

创新是科学房屋的生命力。

——[美] 阿西莫夫

我们要记着，作了茧的蚕，是不会看到茧壳以外的世界的。

——李四光

若无某种大胆放肆的猜想，一般是不可能有知识的进展的。

——[美] 爱因斯坦

一个人想做点事业，非得走自己的路。要开创新路子，最关键的是你会不会自己提出问题，能正确地提出问题就是迈开了创新的第一步。

——[美] 李政道

第二篇

实现梦想，不要让幸福在门外徘徊

每个人的心中都有属于自己的梦想，更会为了自己的梦想而去努力拼搏。能够实现梦想，是人生中最大的满足和幸福，可是如何才能够实现梦想呢？想要实现梦想，光有希望还是不够的，还需要我们每个人在很多事情上做出更大的努力，只有这样，人生才不会成为虚无。

以小博大，从身边的小事做起

故事话题

海尔集团创始人张瑞敏的企业理念就是：“把每一件简单的事做好就是不简单，把每一件平凡的事做好就是不平凡。”这句话不仅仅是他激励自己员工的名言，同时也是他创办海尔集团的经验之谈。

在20世纪80年代，青岛电冰箱厂已经成为一个资不抵债、频临倒闭的国有企业，张瑞敏临危受命，担任青岛电冰箱厂的厂长。在他刚刚走进工厂之后没过多久，他就选择了一条“品牌战略”的创新道路，并且确定了“海尔”这个品牌名称。

但是没过多久，他就遭到了第一次打击，有一批货品中，有76台电冰箱被查出有缺陷，对于一个刚刚有些起色的公司而言，76台有缺陷的冰箱，不仅仅是经济上的损失，对于“海尔”这个品牌，同样也是非常致命的打击。

张瑞敏做了一个比较周全的思考，摆在他面前的，是如何处理这些有问题的冰箱？是处理之后，如何让消费者对“海尔”这个品牌依旧有信心？想来想去，张瑞敏做了一个非常大胆的决定——当众砸毁76台有问题的冰箱。

在那个时期，海尔冰箱成为热门话题，这76台有问题的冰箱并没有成为消费者心中的担忧，反而让“海尔品牌”成为消费者心中非常信任的品牌之一。

此之后，海尔集团更是成功地冲出亚洲，走向世界。

故事解析

“小事”也有可能摧毁庞然大物，就好比一个建筑的坍塌，有可能最开始就是其中一处的松动。如果我们的人生就好比这个建筑，这个小事有可能就是平日里并不注意的细节。所以，我们对待任何小事都不能疏忽，只有以小博大，把每件小事都做好，才能构建出人生宏图。

很多时候，我们都会被身边比较大的物质所吸引，却往往忽略了很多小的事情，可在通往成功的道路上，这些细小的东西同样需要我们的注意，因为我们的人生就是由这些“小事”所构建。

我们不能忽略掉小事带来的影响，我们每个人的人生都是由各种各样的小事所构成，只有做好小事，才有可能做成大事。所以用重视的心态去面对每一件事情，无论大小，才能让我们更加接近成功，完成梦想。

故事穿越

达·芬奇是历史上最著名的画家之一，在文艺复兴时代与米开朗琪罗和拉斐尔齐名。几乎所有人都曾经领略过世界名画《蒙娜丽莎》的魅力，无不称赞达·芬奇观察细致入微。在观赏《最后的晚餐》的时候，无不称赞达·芬奇高超的绘画技巧。

达·芬奇在很小的时候就非常喜欢画画。他的启蒙老师让他每天坚持做一件事情，就是画鸡蛋。最开始的时候，达·芬奇还能够坚持下去，可是时间长了，他就觉得每天画鸡蛋简直是愚蠢透了，于是就开始糊弄。

老师看着越来越潦草的鸡蛋作品，心里自然明白达·芬奇的反感情绪，就找来达·芬奇，问他："让你每天都画鸡蛋，你是不是已经觉得非常不耐烦了？"

达·芬奇点了点头说："老师，我觉得我已经能画更难的东西了。不如你让我试试吧？"

老师摇了摇头，拿出两个个头差不多的鸡蛋放在桌子上，问道："你觉得这两个鸡蛋一样吗？"

由于光线的作用，一个鸡蛋整体都曝光在阳光下，看起来颜色比较浅，也比较明亮，而另一只鸡蛋则有一半并没有被阳光晒到，自然就在蛋壳上有一处阴影。老师非常诚恳地告诉他："在这个世界上，没有两片相同的叶子，也没有两只相同的鸡蛋。让你画鸡蛋就是为了锻炼你在细小处的观察能力，如果你连鸡蛋都画不好，又如何去画更为复杂的画作呢？"

听到这里，达·芬奇终于明白了老师的用意，便开始认真地、反复地画鸡蛋。就是凭借这种从小事做起的习惯，他最终成为世界级的大画家。

故事微语

任何人的成功都不是偶然，都需要不断地努力和付出。可是更重要的是，成功者对待细节的态度，也是他们成功的关键要素。

每个人的梦想，都有可能是一个宏大的愿望，可是实现梦想的过程，都需要脚踏实地地努力，去做好每一件小事。只有这样，才能让我们的每一步都走得稳妥、坚固。

任何一幢高楼大厦，都离不开的钢筋水泥；任何浩瀚的海洋，都离不开滴滴的水珠；任何一个成功者的荣耀，都离不开他日复一日的努力。所以，从身边的小事做起，才能让我们建设好梦想的基石，收获最终的成功。

心灵箴言

大礼不辞小让，细节决定成败。

——汪中求

祸患常积于忽微,智勇多困于所溺。

——欧阳修

勿以善小而不为，勿以恶小而为之。

——刘备

在中国，想做大事的人很多，但愿意把小事做细的人很少。我们不缺少雄韬伟略的战略家，缺少的是精益求精的执行者；决不缺少各类管理规章制度，缺少的是对规章条款不折不扣的执行。我们必须改变心浮气躁、浅尝辄止的毛病，提倡注重细节、把小事做细。

——卢瑞华

一往无前，不做停留在原地的不倒翁

故事话题

上世纪 60 年代，日本松下电器公司总裁决定停止大型电子计算机的开发生产。在这之前，松下电器公司的通信部已经为此项工作投入了巨大的人力、物力跟财力，并且已经试制成功了该项产品。但是，大型计算机的市场前景却不容乐观，需求量极少。鉴于这种情况，松下决定暂时放弃这个项目。拟议一经发布，顿时舆论哗然，来自内部、外部的不同意见此起彼伏，不绝于耳。大家的一致认为花费 5 年时间耗资十多亿元的项目就如此放弃是得不偿失。

来自外部的舆论则更有许多猜测，认为松下公司要么是技术跟不上，要么是财政赤字才放弃这个项目的。就连一些久经沙场的高级职员，对松下的拟议也持怀疑态度。当时，松下的困扰和烦恼是相当严峻的，但他顶住各种意见和舆论，毅然停止当时没有前途的项目，把人力、物力、财力用到其他方面。后来的事实证明，松下的这个决策是正确的。因为此后，世界上几个名厂包括独联公司、电器公司、西门子公司等也都纷纷停止生产电子计算机。

故事解析

每个人的一生都如同一场冒险旅行，在途中，我们会经历风雨、遭受坎坷，甚至有可能还会有暴风雨的洗礼。可无论前方有着怎样的困难和坎坷，我们都应该一往无前，哪怕这个困难会让人感到恐惧和害怕，可如果我们不拿出全部的勇气，那么那个困难仍然会如同拦路虎一样挡在我们的面前。

在现实生活中，我们也常常会遭遇到各种各样的难题，只有一往无前，拿出自己的全部勇气，才能够突破自我，抵达梦想的彼岸。

一往无前，是一种勇气，是一种面对种种难题仍然勇敢面对的姿态。

一往无前，是一种决心，是一种无论结局怎样都坚持自我的态度。

所以想要收获成功，就需要我们一往无前地奋斗，冲破层层阻碍，才能抵达成功的彼岸。

故事穿越

很久以前的伦敦，有一个小型的游戏场正在进行一场演出。没想到的是，在台上的演员因为身体原因，竟然在演出过程中失声了。一时之间，台上台下混乱不堪，尤其是台下的观众，大声要求退票。

剧场老板一看局势有些控制不住了，非常着急，想要找人来救场。可情急之下哪里能找到合适的人选呢？就在他为难之际，一个年仅 5 岁的小孩站了出来，用非常自信的口吻说道：“老板，不如让我试试吧！”

老板很犹豫，一方面担心这个小男孩是不是真的能够挽救这场危机，另一方面也实在是找不到合适的人选。没有办法，只好让这个小男孩试一试了。

没想到的是，这个小男孩刚一上场，就表现出一副滑稽的样子，又唱又跳，吸引了全场观众的注意。所有的观众都被他逗得哈哈大笑，早就忘记了开始时候的不快。

这个小男孩，就是后来名扬世界的幽默大师——卓别林！

故事微语

生活中不仅仅会有困难，同样也会有意想不到的机遇。可是面对机遇，同样也需要我们一往无前，拿出所有的勇气。

机遇，不仅仅能够成为人生中重要的转折点，更能够成为实现自身价值的重要机会。我们每个人在工作中，也会遇到一些机遇，如果能够抓住机遇，自然就能够离成功更进一步。抓住机遇，以一往无前的精神去面对，才有可能收获成功。如果没有这样的勇气和担当，那么机遇就很有可能从我们身边溜走。

所以，面对事情，切勿彷徨，一往无前，才能实现梦想。

心灵箴言

勇气是衡量灵魂大小的标准。

——[美] 卡耐基

勇气如爱情，需要希望来滋养。

——[法] 拿破仑

勇气很有理由被当作人类德性之首，因为这种德性保证了所有其余德性。

——[英] 丘吉尔

勇气就是一种坚韧；正因为它是一种坚韧，才使我们具有任何形式的自我否定和自我战胜的能力。因而，正是借助于这一点，勇气也多少与德行发生了关系。

——[意] 叔本华

抱最大的希望，做最大的努力

故事话题

小天王周杰伦自从出道之后，便迅速走红，并且凭借着“中国风”歌曲在华语乐坛中形成了自己的风格。

然而，周杰伦的出道路程却十分坎坷。周杰伦从小就学习钢琴，在上学期间，就常常以为餐厅客人弹奏钢琴赚取零花钱。后来，一次偶然的机会，周杰伦参加了《超猛新人王》这个节目，被吴宗宪相中，成为吴宗宪“阿尔发音乐公司”的音乐助理。

可是周杰伦的愿望并不仅仅是做一名音乐助理，他更希望成为专业的音乐人，他的第一首作品《眼泪知道》曾经被吴宗宪拿给刘德华试唱，可是刘德华刚看了一眼歌名，就认为这首歌“不知所谓”。可是周杰伦并不放弃，再次创作了一首《双节棍》，吴宗宪又拿给了张惠妹，仍然被拒。

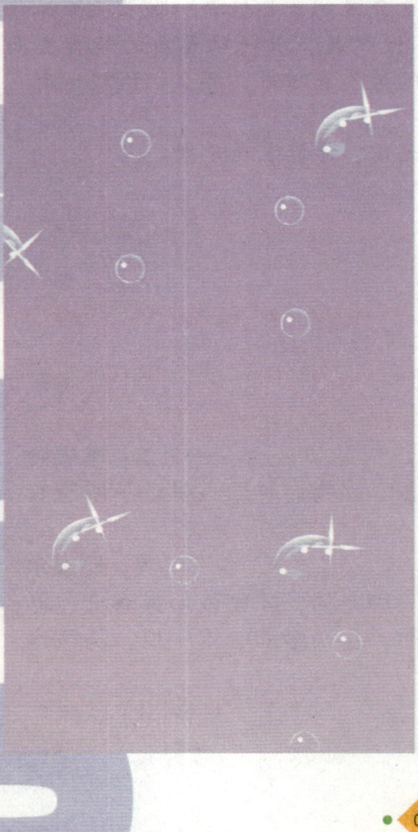

经过两次失败之后，周杰伦认为，自己的音乐风格并不能够得到其他歌手的认可，就希望能够自己出专辑。如果想要出专辑，投资就会非常大，吴宗宪也吃不准能不能收回投资。可看到周杰伦自身的才华，他又不愿意埋没，就告诉周杰伦，如果能够用一周的时间完成十首歌曲，他就不计代价给周杰伦出专辑。

在这一周内，为了能够完成创作，周杰伦吃住在工作室，每天连正经吃顿饭的时间都不愿意浪费。他认为，这有可能就是他人生中最大的机遇，既然如此，就应该尽自己最大的努力。

一周之后，周杰伦拿出了自己创作的十首歌曲，吴宗宪也按照约定，给他出了专辑，这就是周杰伦出道的同名专辑《Jay》。这张专辑不仅取得了非常不俗的成绩，并且一举夺得台湾当年最佳流行音乐演唱专辑、最佳制作人和最佳作曲人三项大奖。

故事解析

每个人都在为了自己的梦想而努力和奋斗，可是现实是残酷的，并不是所有的梦想都能够实现，也并非是每一次耕耘都能够化作丰收。即便如此，我们也要做最大的努力，用一往无前的姿态去奋斗，用平常心态去面对结果，这才是人生教给我们的道理。

人生之中不可能所有的事情都如人意，有成功就会有失败，这是再自然不过的事情。没有人能够保证自己的付出就一定能够成功，可我们仍然要抱着最大的希望，做最大的努力，因为只有这样，才不辜负这多姿多彩的青春。

每个人都在心中埋下了梦想的种子，为了让这颗种子能够生根发芽，自然要每天努力灌溉。即便是在未来，梦想的种子并没有结出成熟的果实，我们仍然能够骄傲地大声说出：我们为了梦想努力过，我们曾经抱着最大的希望，去拼搏过，这就是属于我们的无悔青春。

故事穿越

法国大作家雨果每次在创作期间，就如同武林高手为了修行更高深的武功而闭关修炼，这样做的目的就是为了能够让自己将全部的精力都用在写作上。

究竟雨果是如何闭关的呢？首先他先将除了自己身上穿的这一套以外所有的衣物都锁在柜子里，然后将钥匙扔到湖里；其次，找到一个理发店剃一个光头；最后告诉自己的家人，如果没有非常重要的事情，除了吃饭都不要去打扰他。

或许有人会觉得奇怪，除了最后一条比较容易理解之外，其余两条都让人感到非常费解。其实雨果这样做是有原因的。

雨果为人热情，有很多关系非常好的朋友，他们时常会聚在一起喝酒聊天。有时候，雨果明明在创作期间，可朋友来邀请，他也会不由自主地跑去和朋友聚会，常常因此而耽误写作进度。为了避免这样的情况，他才想到前面两种措施。

除了身上这身居家服之外，所有的衣服都锁了起来，钥匙也找不到了，这样子就没有办法出行了，再加上剃了个光头，出门着实有些影响形象。看到这样的情况，雨果的朋友们也就不好再邀请他了。

这样一来，雨果每天都尽最大的努力去完成稿件，每次交稿都比约定的时间提前半个月左右的时间，而且从来没有因为赶工时而影响过稿件的质量。

故事微语

希望和努力，在我们的拼搏生涯中，缺一不可，两者之间相互扶持、相互鼓励。有了希望而不去努力，那么希望也只能停留在自己的脑海中；有了努力，却没有希望，所做的一切都好像是没有终点的火车，盲目地驰骋。

就如同雨果闭关写作一样，他的希望就是在有限的时间内完成写作，努力就是为了达到这个希望而做出的种种。

在现实生活中，我们也同样需要如此，在心中埋下一颗希望的种子，用自己的勤劳和努力去灌溉它，让它结出成熟的果实。因为这就是人生。

心灵箴言

鞠躬尽力，死而后已。

——诸葛亮

尽力做好一件事，实乃人生之首务。

——[美] 富兰克林

应该尽力于思想得很多，而不是知道得很多。

——[古希腊] 德谟克利特

人人都希望过幸福的生活，战胜困难也应当人人尽力。

——徐特立

生命是有限的，希望是无限的

故事话题

美国前总统林肯一生之中遭遇过无数次的失败，可是他每一天都充满了希望地奋斗着。

林肯在参与政坛之前，曾经失业过，在进入政界后，竞选州议员失败；创办企业，没到一年就面临破产，甚至背负了高额的债务。那时候，林肯年仅 24 岁，很多人都担心这些挫折，会让这个年轻的小伙子感到绝望，可林肯却没有表现出任何沮丧的神情，他常常这样自勉，自己只有 24 岁，还有大把的青春可以重新站起来。

这一次的破产，足足让林肯花费了 17 年的时间才偿还了债务。可是还没有等他完全偿还完债务之前，就再一次去参加州议员的竞选。这一次他成功了。

在此之后，他的好运似乎又用完了，一而再再而三地经历了失败，但是他始终没有放弃过自己的梦想。最终，在 1860 年，林肯终于当选了美国总统，并且在任职期间创造了属于他的辉煌。

故事解析

希望，能够给人带来无穷的动力，也能够让我们战胜人生中种种困难和坎坷。纵观林肯的一生我们并不难发现，在他最终获得成功之前，他经历过太多次的失败，能够支撑他不断爬起来，重新投入奋斗的正是他心中那团不灭的希望之火。

每个人的一生中都会遇到各种各样的坎坷，也会遭遇各种各样的挫折，正是这些挫折和坎坷，让我们学会成长。

无论我们遭遇了怎样的坎坷和挫折，只要心中留有希望，就能够战胜自我，这就是生命的意义。

故事穿越

“愚公移山”的故事在中国影响了一代又一代人，几乎所有人都会被愚公的精神所感动。

从前，太行和王屋两座山屹立在黄河北岸的北边，它们的存在给靠山居住的居民带来很大的不便，如果他们想要进出就必须绕行很远的路。山里的居民似乎已经习惯了这样的生活，只有一个叫愚公的老人，他却召集了自己的家人，宣布要尽力开凿山路，不仅方便了自己，还方便了其他邻居。

他的儿子们都表示，父亲的这个想法非常好。于是大家就买来锄头、担子等工具，开始在凿山。邻居们看到愚公一家子每天什么都不做，专门开凿太行山、王屋山，都表示非常吃惊。甚至有一个自作聪明的老者嘲笑愚公说：“愚公啊，你看你现在也是一把年纪了，就凭你的力量，连山上的一棵草都没有办法铲平，还想开凿太行、王屋，别痴人说梦了。”

愚公看了看他，长叹口气道：“你这老叟，真真是目光短浅。尽管我年事已高，可是我有儿子，儿子又有孙子，子子孙孙无穷尽也，这两座山又不会增高，早晚有一天，能够实现我的希望。”

愚公的精神感动了上苍，玉皇大帝就派来天神将太行和王屋两座大山搬走了，这就是非常著名的“愚公移山”的故事。

故事微语

有些事情并非是一个人用一生的精力就能够完成的。在历史上，有太多这样的故事，比如每一场惊天动地的改革大业，再比如一个企业的传承与发展。有很多事业的成功，并不是以一人之力，而是需要众多人的付出和奋斗。第一个敢于吃螃蟹的人或许无法看到最终的成功，可是仍然抱着最大的希望去努力。

每个人的生命都是有限的，可我们并不能因此而放弃希望。历史无数次地验证了这条真理。当中华民族到了危亡的时刻，有多少革命前辈为了心中的希望放弃了自己的性命，即便是在生命的最后一刻，他们仍然满怀希望。

正是这种希望，激励着他们为了自己的信仰、为了自己的梦想而努力着，即便是在此生之中梦想无法实现，也不会影响他们的选择。

心灵箴言

人生活在希望之中。

——[法] 莫泊桑

黑夜无论怎样悠长，白昼总会到来。

——[英] 莎士比亚

希望的灯一旦熄灭，生活刹那间变成了一片黑暗。

——[印度] 普列姆昌德

生活在前进。它之所以前进，是因为有希望在；没有了希望，绝望就会把生命毁掉。

——[苏联] 特罗耶波尔斯基

果断选择，才能抓紧希望

故事话题

迪尔玛·罗塞夫被人们称作巴西的“圣女贞德”，在她的学生时代因为参加了学生运动而遭到了逮捕。为此，她不仅仅付出了3年的自由时光，被监押在监狱之中，还遭受了非常残酷的酷刑。

可是这一切都没有让迪尔玛·罗塞夫改变自己的想要救国治国的决心，经过3年的牢狱生活，她的思想发生了重大的改变。她认为，如果只是一味的发展学生运动，尽管能够引起一些影响，可是并不能从根本上改变局势，所以在出狱之后，她果断地选择了投身民主政治，希望借此能够实现自己的梦想。

为了自己的梦想，她在出狱之后，再一次参加大学考试，成功地考入了南里约格朗德州联邦大学经济系；为了实现梦想，她选择支持左派用合法手段获得执政权力；为了实现自己的梦想，她参与创建巴西民主工党。

最终，她成功地在市政选举中获胜，因为有经济学背景而担任财政局局长，这是她的第一个公职。在此之后，她的政治才华逐渐显露，果断、干练和具有社会责任感等优点很快被发现并被赏识。

故事解析

在人生的旅途中，我们常常都会遇到岔路口，如何选择成为一道难以解决的人生命题。面对选择，我们必须要具备果断的能力，因为只有这样，才能让我们把所有的精力都放在去实现梦想的领域中。

果断，不仅仅能够节省时间，同样也能够让我们更加坚定自己心中的信念。所以在面对选择的时候，不要因为犹豫而失去机遇，更不要因为犹豫而蹉跎人生。

在现实生活中，我们常常会遇到这样的情况，因为不够果断，最终失去了能够改变人生的机遇，继而失去了生活的希望。生命中有太多事情都是经不起等待的，所以不要犹豫，更不要胆怯，只有相信自己，才能把握机遇，才能就此达到质的飞跃。

故事穿越

美国保险巨头法兰克·毕吉尔在刚刚从事保险事业的时候，能力非常出众。但没过多久，他就发现自己的业绩怎么也无法提高。前辈们纷纷告诉他，这就是保险业的规则。可是年轻气盛的法兰克·毕吉尔并不相信这些，他下定决心要找到无法提高业绩的根源。

最开始他选择的方法是花费更大的精力去推销自己的保险，可仍然没有什么起色。后来他开始研究自己的每一项业务，这才发现了一个很重要的规律——在他一年所卖的保险业绩中，有70%的业绩是第一次见面成交的；有23%的业绩是第二次见面成交的；最后7%的业绩，却是在第三次见面以后才成交的。可是他花费在那7%业务上的时间和精力，几乎占用了他所有工作时间的一半以上。

于是，他及时调整了自己的推销策略，果断放弃那7%的利益，不再为了这一点点利润的诱惑而左右摇摆。这样一来，他就可以腾出大量时间去拓展新的业务。很快，他就获得了巨大的成功。

故事微语

有很多事情，在我们的人生中，占据着并不重要的位置，可是我们仍然不愿意去放弃，可这些事情却足以影响我们整个人生。

古人曾经这样形容过鸡肋，弃之可惜，食之无味。而在我们的生命中，同样也存在着鸡肋，果断放弃，去寻找新的机遇，才是我们成功的不二法则。

就如同法兰克·毕吉尔，果断地选择，才能迎来人生新的机遇和辉煌。

心灵箴言

当断不断，反受其乱。

——司马迁

事急不断，祸至无日矣。

——《三国志》

凡事要做则做，若一味因循，大误终身。

——钱泳

一个真正的，矢志不渝的人，对自己所做的事是不应该感到后悔的，一旦下了决心，他定会把这看作是唯一的正确的决定。

——[俄] 安德烈耶夫

在行动上尽可能做到最坚决、最果断，当我一旦采取某些意见之后，即使这些意见极为可疑，我也始终加以遵守，就像它们是非常可靠的意见一样。

——[法] 笛卡儿

第三篇

锲而不舍，打开希望的天窗

人活在世，总会在心中为自己树立一个宏大的梦想和目标，这也是人生旅途的指路灯。在到达彼岸之前，我们不仅要有锲而不舍的精神，更要在心中种下希望的种子，才能让我们的人生因此充实而美好。

永不放弃，成功住在失败隔壁

故事话题

曾经风靡一时的动漫《灌篮高手》是很多人心中的经典之作，其中有一个情节让人非常感动且铭记于心。

国中时期的三井寿作为队长，带领着武石中学的篮球队在县大赛上总决赛进行着奋力地拼抢，在临近比赛结束还剩下一分钟的时候，武石中学和对手还差两分。很多队友都放弃了，只有三井寿不愿意放弃希望，依然坚守着。

一次抢断，篮球飞出了赛场，就在三井寿有些绝望地匍匐在地上的时候，安西教练拿着篮球走到三井寿面前，告诉他：“永远都不要放弃希望，因为一旦放弃了希望，比赛就结束了。”就是凭借着这句鼓励，三井寿在最后关头，以三分球取得了比赛的胜利，并且最终获得了“最优秀选手”的殊荣。

故事解析

“永远不要放弃希望”，这似乎是一句鼓励，但更多的是为了让三井寿明白一个道理，希望，就是我们内心深处的那团火焰，只要心中燃烧着希望之光，我们的人生就能够斗志昂扬。

尽管这只是一部动漫，在现实生活中，这种在最后关头扭转乾坤的奇迹并不能常常上演，可我们却能够在自己的心中种下希望的种子。

当我们内心中充满了希望，对待任何事情，都能抱着永不放弃的决心，就一定能够有所收获。

故事穿越

小说《鲁滨逊漂流记》为我们讲述了一个永不放弃的男人的故事。

鲁滨逊第四次航海的时候，遭遇了一场罕见的大风暴，导致他的船只触礁，只能随着风浪漂泊到了一个无人岛上。更糟糕的是，船上的所有水手、乘客全部遇难，也就是说，在这个无人岛上，只有鲁滨逊一个人。

在这个杳无人烟的孤岛上，在这种绝望的境地中，鲁滨逊仍然没有放弃生存下去的希望。他用沉船的桅杆做了木筏，然后就用这个木筏将船上的食物、衣物、工具等物品一次次地运到无人岛上。

有了这些工具，鲁滨逊完全依靠着自己的能力，在这座荒无人烟的小岛上居住下来。为了解决住宿问题，他自己搭建起一个帐篷；为了解决食物问题，他开始在岛上种植大麦和稻子，自制工具加工成面粉；为了解决孤独，他驯养了一些野山羊。经过他自己永不放弃的经营，他仍然在这座无人岛上找到了生活的希望。

他不止一次地自已造船只，希望能够离开这里，回到故土。经过了无数次的失败，在他抵达无人岛 21 年之后，他终于成功地离开了这里。

故事微语

在我们的人生中，总会经历低谷期。发现了社会的相处原则并不像我们想象中的那样，我们会感到失望；感受到了梦想并不是非常容易实现的时候，我们会感到绝望。可是无论现实如何残酷，我们都不能放弃，因为一旦放起了希望，等待我们的，只能是失败。

追求梦想的过程中，有时候也会遭遇到各种打击，甚至也会产生绝望的情绪，可尽管如此，我们仍然不能放弃心中的希望。任何人都不可能随随便便成功，都需要坚持不懈地努力和奋斗。

永不放弃，并不仅仅是一句口号，而是在内心中要给希望留下空间，让希望的火种激励我们的人生勇敢向前。

永不放弃，是对梦想、对人生最坚定的态度，无论遇到怎样的挫折，都不会因此而放任自己。

当我们遇到了困难，当我们感到了疲倦，请在内心坚定地告诉自己，永远不要放弃梦想，更不要放弃希望，只有这样，才能战胜自我，激发潜能，从而成就人生。

心灵箴言

我可以接受失败，但我不能接受放弃！

——[美] 迈克尔·乔丹

一个人只要强烈地坚持不懈地追求，他就能达到目的。

——[法] 司汤达

我们最大的弱点在于放弃。成功的必然之路就是不断的重来一次。

——[美] 爱迪生

向着某一天终于要达到的那个终极目标迈步还不够，还要把每一步骤看成目标，使它作为步骤而起作用。

——[德] 歌德

多走一步，成功与失败的距离

故事话题

著名的发明家爱迪生在发明电灯泡的时候，做过无数次试验，才最终找到最合适做电灯泡的材料。

在最开始的时候，爱迪生先是用白金试验了多次，尽管白金熔点非常高，能够使发光的时间延长很多，可仍然存在一个很大的隐患，白金做好的电灯常常会自动熄灭再自动发光。

爱迪生觉得这仍然不是他理想的电灯泡，于是他又用钡、钛、铟等稀有金属做了试验，然而效果还是不太理想。

再后来，爱迪生又和助手们先后用了 1600 种耐热材料分别做了实验，可是结果却让他的助手们感到非常失望，这些材料的实验效果还不如最开始的白金。

就在这个时候，助手们都已经有些不耐烦了，认为做出了白金灯泡就已经很好了，可是爱迪生仍然不死心，他每天都在仔细思考和观察，看看是否还有什么材料能够制成灯泡。

有一天，他看到别人围着用棉纱织成的围脖，爱迪生脑海中灵光一闪，连忙从围巾上扯下一根棉纱，小心地把这根炭丝装进玻璃泡里，效果果然很好。后来他又选择了珠子，装进玻璃泡里，结果这种竹丝灯泡竟连续不断地亮了 1200 个小时。

就这样，爱迪生终于做出了自己满意的电灯。

故事解析

在我们追寻梦想的过程中，我们常常会问，为什么我们总是和成功失之交臂，我们和真正的成功者的差距究竟在哪里？

其实，有很多时候，我们已经离成功非常近了，却因为没有再继续坚持下去，和成功就这样擦身而过。对于自己的梦想，需要的并不仅仅是坚持，同时还需要我们自身的主动性。只有各方面相互配合，才能达到最好的效果。

任何人的成功都并非偶然，爱迪生也是经过了上千次实验才成功地发明了电灯泡，对于我们而言，或许这一次失败了，但是坚持下去，总能有收获成功的时刻。

故事穿越

连锁快餐肯德基的创始人是山德士上校。最初他是一名军人，但在退役之后，他却没有任何生存的技能，只能依靠着政府补贴金维持生计。

可他并不甘心让自己成为一个废人，决心要通过自己的双手创造成功。山德士上校有一个炸鸡的秘方，他决心到各个食品公司去推荐自己的秘方，可是很多食品公司的人一看山德士上校衣衫褴褛的样子，都不相信他能够制作出美味的炸鸡来。

经过了1001次的努力，最终一家食品公司终于认可了他的秘方，并且投资帮助他开了一家炸鸡店。很快，山德士上校的炸鸡就受到了顾客的欢迎和认可。在短短的一年半的时间里，山德士上校已经开创了300家连锁店。这就是日后的“肯德基”快餐店。

故事微语

对于很多普通人而言，1000 次的失败，是非常巨大的打击，甚至有可能因此一蹶不振。可是山德士上校并不放弃，甚至比以往更加坚信自己能够成功。这种态度，恰恰是他成功的关键。

我们在奋斗的过程中，很有可能会遇到各种坎坷，会感到精疲力尽，甚至会因此而放弃了自己的梦想。可是，每当我们感到疲倦，或者是感到沮丧的时候，请坚持一下，因为成功或许就在下一次。

坚持到下一次，是在最绝望的时刻仍然给自己留下希望的曙光，是在最疲倦的时候给自己留下继续前行的勇气，更是每个成功者都坚持的座右铭。有人询问球王贝利哪一个进球最完美，贝利永远都会回答下一个。所以，请坚持到下一次。

心灵箴言

天下无难事，只怕有心人。

——袁枚

天行健，君子以自强不息。

——《周易》

取得成就时坚持不懈，要比遭到失败时顽强不屈更重要。

——[法] 拉罗什富科

忍耐和坚持虽是痛苦的事情，但却能渐渐地为你带来好处。

——[古罗马] 奥维德

坚守你的态度，成就你的卓越

故事话题

从前，美国有一个穷困潦倒的年轻人，他居无定所，全身上下的财产加起来都买不起一件像样的西装。在旁人眼中，他如同乞丐一样地生存着，可在年轻人的心中，仍然坚持着自己的梦想——做演员，拍摄出让人震撼的电影。

为了能够推荐自己，他去了好莱坞500家电影公司，可是这些电影公司全部拒绝了他。年轻人觉得，光凭自己的相貌，或许并不能取得电影公司的青睐，不如自己先写一部电影的剧本，再通过剧本让电影公司认识自己。

通过几个月的努力，他完成了一部为自己量身定做的剧本，前往500家电影公司去投稿。然而，结果仍然让人非常失望，没有一家公司愿意聘请他，甚至没有公司对他的剧本感兴趣。可是年轻人仍然没有灰心，他再一次从头开始，进行第二轮的自我推荐。

经过了上千次的失败之后，终于有一家电影公司的老板同意投资他的这个剧本，并且让他担任主演工作。

这部电影名叫《洛奇》，而这个不愿意放弃、坚持自己态度的演员就是著名影星史泰龙。

故事解析

坚持自己的态度，说起来非常容易，可是做起来却是难上加难。在坚持自己态度的过程中，常常会因此而遭受到别人的误解、排挤，更为严重的时候，会形成一种强大的势力迫使自己放弃。

可是每个人的人生都是一张单程票，没有任何重新来过的机会，所以我们更不能活在旁人的目光里，而是要坚持自我。

就如同史泰龙一样，如果我们认为自己的坚持是正确的，就不要轻易放弃自己的认知，只有这样的一生才能称之为无怨无悔。

故事穿越

东汉末年，天下大乱，曹操“挟天子以令诸侯”，而孙权佣兵于东吴，刘备也和自己的两位结拜兄弟创建了属于自己的政权。这就是历史上非常著名的“三国时期”。

刘备听说卧龙岗上有一位叫诸葛亮的谋士非常有学识、有才能，决心要用自己的诚心去邀请他加入自己的队伍。

第一次，刘备和关羽、张飞去诸葛亮的家中，却发现诸葛亮不在家。等了好一会儿，都不见诸葛亮回来，他们只好失望而归。

第二次，张飞不愿意去，只有刘备和关羽一同前往，可是诸葛亮并不愿意见他们。无奈之下，刘备只好言辞恳切地写下一封信，信中表达了自己希望诸葛亮能够帮助自己挽救国家危难的话语。

第三次，关羽也觉得不耐烦了，只剩下刘备独自前往。到了诸葛亮家中，恰好诸葛亮正在睡觉，刘备出于尊重，不愿意去打扰他，就站在一旁等待着。诸葛亮醒来之后，看到刘备，便说了自己心中的想法，也就是历史上著名的《隆中对》。看到刘备这样的诚心，诸葛亮终于被打动了，成为刘备身边第一大谋士。

故事微语

诸葛亮能够辅佐刘备，一方面是因为刘备的政治抱负和他有着异曲同工之妙，另一方面就是因为刘备对他的态度让他认为有了施展自己才华的平台。甚至可以说，很大程度上，刘备获得了这个智囊军师，就是取决于他的态度。

对待任何事情，我们都会有自己的态度。这种态度取决于我们的决心、认知和价值观的取舍，不同的态度，自然就会有不同的结果。曾经有人说，态度决定成败。当我们足够重视某些事物，自然就会投入更多的精力，也会有更多的收获。

尽管我们的所作所为，不能得到所有人的认可，可当我们自己是正确的时候，就应该要坚持自己的态度，只有这样，才能收获真正的成功，领悟人生的真谛。

心灵箴言

坚持真理的人是伟大的。

——[法] 雨果

成功的秘诀是走向目的的坚持。

——[英] 狄斯雷利

坚持意志伟大的事业需要始终不渝的精神。

——[法] 伏尔泰

不作什么决定的意志不是现实的意志;无性格的人从来不做出决定。

——[德] 黑格尔

既然我已经踏上这条道路，那么，任何东西都不应妨碍我沿着这条路走下去。

——[德] 康德

修剪生命，挫折中绽放礼赞的光芒

故事话题

贝多芬被称为“乐圣”，他的音乐才华让整个世界都为之倾倒。然而，在他 26 岁的时候，他因为身患疾病，而导致了听力开始减弱。这似乎就是命运对于一个音乐家的残忍和捉弄。

毫不夸张地说，这几乎压垮了贝多芬，让他感到绝望。为了避免让人发现，他开始了长达数年的孤独的生活。

但是贝多芬却是生活中的强者，他不愿意让自己成为一名普通的聋人，更不愿意就此过着没有音乐的生活，放弃自己的音乐梦想。于是，他在心里对自己说：“尽管失去了听力，可照样能够创作出世界上最优美的音乐。我要向命运挑战！我要扼住命运的喉咙！”

就这样，贝多芬继续创作出了很多大家耳熟能详的作品。1824 年 5 月 7 日，贝多芬再一次带领着他的乐队在音乐厅里演奏了他创作的《第九交响曲》。结束之后，观众席内立刻爆发出雷鸣般的掌声，此时此刻，贝多芬已经完全听不到这样的掌声，但他却从观众们激动的表情中，感受到了大家对音乐的满足。

故事解析

每个人的生命都只有一次，如何让自己的生命绽放出绚丽的色彩呢？每个人的奋斗道路上，都会遇到各种各样的挫折，如何让自己战胜困难收获最终的成功呢？

对于我们而言，挫折或许就是一次不理想的考试成绩，或许就是一次失败的面试，或许这些挫折在当时看来，是非常严重的。可是当我们走过这一段时刻，再回头看过去，才豁然开朗。

用勇气去面对挫折，就能够让我们拥有战胜它的力量和自信；用豁达之心去面对挫折，就能够让我们拥有宽容和淡然去面对种种局面；用乐观心态去面对挫折，就能够让我们用最积极的态度去迎接挑战。而这些，都是我们生命中不可或缺的能源。

故事穿越

1914 年获得了诺贝尔生理学、医学奖的罗伯特·巴雷尼是诺贝尔奖获得者中非常特殊的一位，他自小就因为生病成为了一名残疾人。母亲不愿意让自己的孩子自小就失去了生活的目标，更不愿意让孩子一辈子活在别人同情的目光之中，于是她开始锻炼巴雷尼。

只要一有时间，母亲就陪着他去外面散步，借此锻炼他的腿部肌肉。最开始他累到满头大汗，双腿就好像不听使唤似的，但是母亲不断地鼓励他，千万不要放弃。

巴雷尼不愿意一辈子坐在轮椅上，于是他听从了母亲的话，坚持每天锻炼走路、练习体操来帮助自己掌握平衡。

经过数年如一日的锻炼之后，尽管巴雷尼仍然无法像普通人那样自如行走，他的精神却得到了极大的锻炼。在命运带给他的残酷打击面前，病弱的巴雷尼成为了生活中的巨人。在学校里，他成为学校最优秀的学生，并且以优异的成绩进入维也纳大学医学院。毕业之后，他开始专攻耳科神经学，后来，他凭借自己独特的“巴雷尼检验”荣获了诺贝尔奖。

故事微语

我们的人生旅程就好比是一条道路，在前行的时候，有时会遇到一些阻碍，如果想要通过，就需要我们跨越它。

只要心中有决心，就没有无法战胜的困难。只要心中有信念，就一定能够拥有一个绚烂的人生。

在很多人的心里总是存在这样一个误区，认为成功的人生就是需要达到一个怎样的程度。其实，真正成功的人生，不仅仅是指在事业上的丰收，更重要的是我们内心世界的丰富和满足。只有内心真正的强大，才能让我们战胜挫折，才能让我们感悟到生命的真谛。

心灵箴言

立志不坚，终不济事。

——朱熹

能够岿然不动，坚持正见，度过难关的人是不多的。

——[法] 雨果

坚强的信念能赢得强者的心，并使他们变得更坚强。

——[英] 白哲特

立志用功如种树然，方其根芽，犹未有干；及其有干，尚未有枝；枝而后叶，叶而后花。

——王阳明

奋力拼搏，不让希望因浅滩而搁浅

故事话题

著名的化学家、发明家阿尔弗雷德·伯纳德·诺贝尔对人类最重要、最著名的贡献，便是发明了安全炸药。在发明出安全炸药之前，烈性炸药用途非常普及，可由于危险系数太高，对于人类危害也是巨大的。在那个时候，诺贝尔就在心中暗暗发誓，一定要将烈性炸药改造成安全炸药，让它能够充分发挥作用且不会伤害到人类自身。

为了完成这个目标，诺贝尔做了很多实验。这些实验都是非常危险的，一不留神，就有可能伤害到自身的生命安全。

可是面对这样的危险，诺贝尔没有丝毫犹豫。在 1862 年夏天，他开始了对硝化甘油的研究。有一次，在实验过程中发生了爆炸，就在一瞬间，诺贝尔的五个助手全部牺牲，诺贝尔的小弟弟也在其中。但是诺贝尔依然没有放弃心中的坚持。

这次爆炸事件之后，诺贝尔身边再也没有人能够帮助他了，所有人不愿意赔上自己的性命，更没有人愿意将实验室租给他，生怕再次发生爆炸事件。为了解决没有人帮助、没有实验室的难题，诺贝尔想了很多办法，最终，他决定将这项危险的实验搬到市郊胡泊上的一艘船里。尽管此时他身边已经没有了助手，也没有充沛的资金支持，可是诺贝尔依然坚持着。

终于，经过长期的研究，他发现了一种非常容易引起爆炸的物质——雷酸汞，于是他用雷酸汞做成炸药的引爆物，成功地解决了炸药的引爆问题。

故事解析

每个人都需要为了自己的梦想去拼搏、去奋斗，在拼搏和奋斗的过程中，会付出很多精力和心血，甚至有的代价是让我们无法承受的。

纵观历史，很多成功者在最初追寻梦想的过程中，都是不被人理解的，可是无论遭遇了怎样的误解和挫折，他们依然坚定自我，奋力拼搏，才能收获最终的成功。

所以，为了梦想，为了收获成功的人生，我们没有理由放弃自己，更没有理由为了现实而去妥协。只有这样，我们才对得起这只有一次的生命。

故事穿越

著名的田径运动员刘翔，在 2004 年雅典奥运会的男子 100 米跨栏决赛中，以 12.91 秒的成绩追平了保持 11 年的世界纪录；在瑞士洛桑田径超级大奖赛中，以 12 秒 88 打破了保持 13 年的世界纪录。

一时之间，刘翔风头正劲，代言、活动接踵而来。刘翔也在这种质疑和追捧中成长起来。

然而，在 2008 年的北京奥运会中，刘翔因为伤病，从赛场上走了下来，他无法继续奔跑。这不仅让一直支持着他的粉丝感到失望，同时也让刘翔对自己今后的道路产生了怀疑和担心，毕竟运动员的运动生涯都是有限的，他的教练和家人在这个时候给了他鼓励和安慰。

2012 年，刘翔再一次站在了奥运会的比赛赛场，然而，他再一次地失败了，同样是因为伤痛，他摔倒在赛场上，从而无缘晋级。

连续两次的失败，并没有让刘翔放弃奔跑的愿望，他开始积极地配合医生，调理自己的身体，同时也和教练商量出最适合自己的训练方案。他不愿意放弃，希望能够继续参加 2016 年的奥运会，为国争光。这就是属于中国田径明星刘翔的拼搏。

故事微语

在每个人的奋斗道路上，都会经历各种坎坷和失败，可无论命运如何打击，只要我们仍然保持着斗志昂扬，就不会被困难所击倒，就能够拥有战胜困难的勇气和力量。

当我们的青春仍然在跳跃，当我们的梦想依然绽放着光芒，奋斗和拼搏就成为一首青春的歌。未来在我们脚下，奋斗是我们的步伐，这就是青春的旋律。

任何人的成功都不是偶然，只有经历了奋斗和拼搏，才能够将成功的果实握在手中。只有全力以赴，才不辜负这大好的时光。

心灵箴言

必须在奋斗中求生存，求发展。

——茅盾

脚跟立定以后，你必须拿你的力量和技能，自己奋斗。

——[爱尔兰] 萧伯纳

对于学者获得的成就，是恭维还是挑战？我需要的是后者，因为前者只能使人陶醉、而后者却是鞭策。

——[法] 巴斯德

第四篇

从新的角度，发现新的精彩

每个人都不是只有单一的一面，而是拥有很多面，正所谓“横看成岭侧成峰”，从不同的角度观看，就会有新的发现。对于人生中的事物而言，同样如此，与其固守在某一个方面上无法自拔，倒不如转过身来从新的角度出发，或许就能发现新的精彩。

创造机遇，为自己的人生谱写奇迹

故事话题

法国著名的政治家、军事家拿破仑在最开始，不过就是一个小小的尉级炮兵军官。那个时候，他根本就没有机会展示出自己的军事才能。

1793 年，拿破仑获得了一个到前线的机会，主要是去参加进攻土伦的战役。在面对土伦顽强的抵抗之后，当时的革命军前线指挥官认为这场战役太难打了，根本就没有进攻方向。就在这个时候，拿破仑站了出来，他直接向特派员提出了新的作战方案，呈给指挥军官去看。

指挥军官一看进攻方案，立刻就认为，只要按照这个方案执行，此战役必胜。在事后，指挥军官就找来拿破仑，通过交谈，他非常认可拿破仑的军事才能，不仅提升他为少将旅长，并且让他加入自己的智囊团。

抓住了这次机遇的拿破仑，一战成名，为他后来叱咤风云，登上权力顶峰奠定了基础。

故事解析

对于每个人来说，机遇是一生之中非常重要的转折点。然而，机遇并非是等来的，而是需要我们自己用积极的态度去面对。

拿破仑作为 18 世纪法国最突出的军事家、政治家，然而改变他的，恰恰就是一个机遇，一个在战场上扭转乾坤的机会。

在我们的人生中，同样需要机遇来改变自己的人生，但是我们不能等待机遇的到来，而是要努力去创造机遇。用积极的心态去面对人生、面对挑战，才能为我们的人生谱写出奇迹。

有很多时候，面对机遇，我们总是担心自己是否能够胜任，又或者是担心别人如何看待自己。其实这些都是自己潜意识里对自己没有自信而造成的，在内心树立起一个宏大的目标，让自己时刻都充满了希望和自信，机遇就不会从我们身边擦身而过。

故事穿越

微软公司创始人比尔·盖茨，在他的人生岔路口处，勇敢地为自己创造了一个机遇——离开学校，创办公司。这个举动不仅让他成就了自己的事业，同时也改变了整个世界。

比尔·盖茨自幼就展现出他对电子产品的喜爱，13岁就能够独立进行计算机编程，并且在心中树立了一个远大的目标——“在30岁那一年，我一定要成为百万富翁。”

1973年，比尔·盖茨进入了哈佛大学学习，并且成绩一直都是名列前茅。在很多人眼中，哈佛大学就是享有世界上顶尖学术地位、声誉和影响力的高等学府，所以比尔·盖茨的前途也是无可限量的。

然而，在1975年，比尔·盖茨却做出了一个惊人的举动——辍学。当然，他并非是盲目行动，而是因为他和保罗·艾伦找到了一个非常有价值的商机，就是创办微软公司，让计算机在未来能够成为家庭、办公的首要工具。在这样的信念引导下，他毅然决然地放弃了哈佛大学的学位证书。

在人生岔口处，比尔·盖茨放下了一纸学位证书，却得到了微软公司这片森林。并且在长期的发展过程中，计算机早已经成为人们在学习、工作时候的必备工具，完全实现了他最初的构想。

故事微语

在生活中，我们常常遇到这样的人，他们总是在抱怨上苍，没有让他遇到赏识自己的伯乐，又或者他们总会抱怨周围的环境没能让他们成功。

可实际上，他们每天所做的就是在等待着机遇的到来，却不想着如何去创造机遇，让自己收获成功，所以注定了，他们就是生活中的失败者。

我们的人生都是有限的，最经不起的就是等待。所以，不要蹉跎岁月，努力去创造能够改变自己的机遇，成就一片光明的未来。

心灵箴言

创新就是创造性地破坏。

——[奥地利] 熊彼特

创新是科学房屋的生命力。

——[美] 阿西莫夫

聪明的年轻人以为，如果承认已经被别人承认过的真理，就会使自己丧失独创性，这是最大的错误。

——[德] 歌德

放眼未来，去赶超新的目标

故事话题

英国作家查理斯出身贫寒，从小他就很喜欢文学，希望能够成为一名作家。可是他又认为，以自己的能力，根本就不可能成为作家，所以在很长一段时间，他都非常矛盾。

有一天，查理斯出去散步，不小心把日记本弄丢了。这本日记记录了很多他的心情感悟，还有一些因为灵感而写下的文字，他非常重视，于是就顺着原路往回找。没走多远，就看见一个老太太手里正拿着日记本，他连忙上前说："老奶奶，这本日记是我的，您能还给我吗？"

老太太并不打算直接还给他，反问道："这里面写的是什么啊？"

查理斯有点不好意思地说："都是我平日里写的一些文章，我的水平有限，让您见笑了。"

老太太笑了，还给他，并且鼓励他说："这文章真的不错。我能预测别人的未来，你今后一定会是个作家。"

那时候的查理斯并没有将这句话放在心上，就以为这是老奶奶对年轻人的鼓励。

中学毕业之后，因为家境贫寒，查理斯无法继续学习，只好开始四处打工。为了生计，他做过酒店招待、推销员、修理工……可令他沮丧的是，每一份工作他都做不长。很快，查理斯就走到了山穷水尽的地步。直到这时，他突然想起老太太那话——"你今后一定会是个作家。"查理斯下定决心，要成为一名真正的作家。

文字创作的过程是很艰辛的，可是查理斯一想到老太太的那句话，就有如神助。终于，他以自己为原型，把这些年遇到的人情冷暖，把穷人的无奈和富人的空虚用一个个故事表现了出来。小说刚刚出版，就受到读者的青睐，几乎是一夜之间，查理斯成为炙手可热的作者。

成名后的他想要找到老太太，来表达自己的感激之情。然而可惜的是，老太太已经过世了，查理斯只找到了她的女儿，并将自己和老太太的渊源讲了一遍，女儿听后非常吃惊地说："我母亲根本不识字！"

故事解析

曾经有人这样说过，每个人其实都只有三天，昨天、今天和明天。昨天，就是过去；今天，就是现在；明天，就是充满了无限可能的未来。或许在过去和现在，我们有过失败、有过沮丧、有过低落，可是这些都不能成为我们人生的主题，因为我们还有未来。

拥有未来，就拥有了无限可能，能够成就一切。所以我们不能因为过去的失败就全盘否定了自己，也不能因为过去自己一事无成，就妄自菲薄，从而失去了奋斗的精神。因为比起过去而言，未来才是我们人生的重点。

放眼未来，并非是让我们做凭空的想象，而是要在内心中树立起一个坚定而宏远的目标，用所有的努力去完成这个目标，只有这样，才能收获美好的未来。

故事穿越

在纽约贫民窟里居住着很多黑人孩子。因为生活所迫，他们的父母往往每天都忙于奔波，很少管教自己的小孩，导致许多孩子常常旷课，甚至还会去偷窃、吸毒。罗杰·罗尔斯就是这群孩子中的一个，同样他也常常逃学、旷课，即便是他坐在教室里，也从来都不认真听课，甚至常常捣乱。

老师们一提到罗杰·罗尔斯的名字，就非常生气，甚至有人曾大骂他说：“恐怕只有他进牢房的那一天，这里才会太平”。

有一天，他又旷课了，还跑到校外和那些社会上的流氓厮混，恰巧撞到了当时的校长保罗。保罗听说过这个孩子，也听到过很多老师和他抱怨过这个顽劣的学生。可是他并不认为，这个学生就真的是无可救药了，他拉过罗杰·罗尔斯的手，非常真诚地对他说：“孩子，一看你修长的手指，我就知道将来纽约州的州长非你莫属。相信我，我会看手相！”

罗杰·罗尔斯相信了校长的话，并且真的用一个未来州长的标准严格要求自己，几乎没有人相信，他变成教室里最听话、学习最刻苦的孩子。以前那些小伙伴再喊他去打架、去逃学，他总是拒绝，理由只有一句：“对不起，我是将来的州长。”

就这样，他通过自己的刻苦学习，不仅成了班主席，还考上了美国著名的大学。毕业之后，他成了一名出色的政府官员，51岁那年，他真的当选为美国历史上第一位黑人州长。

故事微语

很多人都在质疑，就是这样一句话，真的能够拥有那样大的魔力吗？或许在其他人心里，这不过是一句鼓励，可是在罗杰·罗尔斯的心里，这就是未来的一个希望。

我们不难想象，在当时的环境中，所有的人都不看好这个顽劣的少年，他们不愿意和他成为朋友，更不愿意去聆听这个少年心中的烦恼和苦闷。他只有那些和他身份、地位相同的玩伴。他自己也几乎看到了自己的未来，就是重复着他父母的道路。可就在这个时候，一向受人尊敬的保罗校长竟然告诉他，他是未来的州长，就如同黑暗之中照进了一缕阳光。

我们每个人都非常重视自己的未来，更希望能拥有一个美好的明天。可是，如果我们只将目光局限在眼前，那么我们就失去了展望未来的机会，所以在努力的过程中，也请抬头看看眼前的路，才能更加明确自己心中的目标。

心灵箴言

丧失未来的幸福，比丧失已有的幸福更痛苦。

——[法] 巴尔扎克

商量时想过去，享乐时想现在，而想做些什么的时候，不管是什么，都要想想未来。

——[意] 儒尔贝

我们可以死，但是永远不会变节！我们可以死，但是要自由和尊严地去死！我们可以死，并不是因为我们不重视生命，不是因为我们不重视我国人民进行的创造性事业，看不到我们通过自己的劳动有权得到的光荣的未来，而是因为我们每个人的生命是同这种思想、这种前途不可分割地联系在一起的。

——[古巴] 卡斯特罗

一心一意，一次做好一件事

故事话题

李素丽原本只是一名非常普通的公交车乘务员，但是她的事迹却告诉我们，只要做好身边的每一件事，就能够收获成功。

李素丽原本是一名公共汽车的售票员，自从 1981 年参加工作之后，她就在心中树立了一个信念，虽然自己只是一名小小的售票员，可是仍然要全心全意为人民服务。

在上班期间，她每天都保持着微笑，尽量让每一位乘客都感到舒心。如果遇到了老幼病残孕等相对特殊的乘客，李素丽主动为他们寻找到座位，能够最大程度地保障他们的安全；如果遇到不认识路的乘客，她也能够耐心地为乘客指路。

有一次，一位乘客询问如果到达某地该怎么坐车，可是那个地方很偏僻，李素丽本人也没有去过，她只好问了问周围的乘客，幸好有一位大爷热心地告诉了他。自此之后，李素丽就买了一本北京乘车指南，这样一来，就算是碰到了自己不认识的路，也能够顺利地帮助乘客找到换乘的公交线路。

李素丽这种专心做好自己分内事，并且竭尽全力地做好，正是这种工作态度让她得到了很多乘客的赞赏，最终也收获了成功的人生。

故事解析

专心做好一件事，这句话看似非常容易，可是想要坚持下来却并非易事。李素丽只是一位普通的售票员，可是每一天她都在工作的时候专心做好自己的本分，最终成为这一行的“状元”。

其实在我们的现实生活之中，这种成功的例子非常多，比如“一抓准”的售货员张秉贵，比如掏粪工时传祥，他们的一生只是在重复这一件事情，可是他们却专心做这件事情，将它做到最好。

很多人总会遇到这样的情况，对于很多看似平凡的事情不愿意去做，或者是提不起兴趣去做，甚至会认为以自己的能力去做这些小事是大材小用。可是反过来想一想，如果连这种小事都不能一心一意地完成，又怎么能够成就大事呢？

故事穿越

莫泊桑因为舅父的关系，拜著名作家福楼拜为自己的文学导师。最开始的时候，莫泊桑常常有意在福楼拜面前卖弄自己的才学。有一天，他对福楼拜说："老师，你不如考考我吧。"

福楼拜就问道："那你想让我考你什么呢？"

莫泊桑颇为得意地说："随便考啊，我会的东西可多了。"

福楼拜就笑了笑说："那你跟我说说你每天都学什么吧。"

莫泊桑就掰着手指数着："早上肯定要花费两个小时读书写作，然后再去练习钢琴，中午休息，下午有空就去学习修理汽车，然后再和同学们踢足球，周末还要去学习怎么种菜。就是因为这些，我才学会了这么多。"

福楼拜反问道："那你的梦想是什么呢？"

莫泊桑非常坚定地回答："我想和您一样，成为著名作家。"

福楼拜就告诉他自己的时间分配："上午用四个小时来读书写作，下午再用四个小时来读书写作。"

莫泊桑非常惊讶，连忙问道："难道您不觉得自己的生活太枯燥了吗？"

福楼拜说："因为我想成为一名著名作家，所以需要一心一意地做好这件事情。"

听完这番话之后，莫泊桑终于明白专心做一件事情的重要性，通过努力，最终他也如愿成为一名著名作家。

故事微语

或许我们无法做到福楼拜那样每天只做一件事，但是在做每一件事情的时候，可以让自己以全心全意地态度去处理。

一心一意，是我们对待事物的态度，同时也是对自己负责的姿态。每个人的人生都是自己一步一脚印走出来的，也是一件事情一件事情的积累、沉淀，所以当我们重视了一件件事情，自然就能够收获一份份的感悟和心得，而这一切，都是我们人生的收获。

一心一意和三心二意之间，很多人都会聪明地选择一心一意。道理非常简单，如果我们将自己的精力比喻成蛋糕，将要做的事情比作人，一心一意自然就是这一块蛋糕分给一个人，而三心二意就是将一块蛋糕分给若干个人。结局不言而喻，一个人吃一块蛋糕能够吃饱，可是若干个人分一块蛋糕，谁都没有办法吃饱。

道理说起来谁都懂，可是做起来却非常困难，如果我们分心了，不放在心里告诉自己，我不需要太贪心，一次做好一件事，足以对得起我的人生。

心灵箴言

两心不可以得一人，一心可得百人。

——刘安

当一个人一心一意做好事情的时候，他最终是必然会成功的。

——[法] 卢梭

人们若是一心一意地做某一件事，总是会碰到偶然的机会的。

——[法] 巴尔扎克

想知人意自相寻，果得深心共一心。一心一意无穷已，投漆投胶非足拟。

——骆宾王

在我们的生活中最让人感动的日子总是那些一心一意为了一个目标而努力奋斗的日子，哪怕是为了一个卑微的目标而奋斗也是值得我们骄傲的，因为无数卑微的目标积累起来可能就是一个伟大的成就。金字塔也是由每一块石头累积而成的，每一块石头都是很简单的，而金字塔却是宏伟而永恒的。

——俞敏洪

换个角度看人生，人生无处不飞花

故事话题

历史上有一个典故大家都非常熟悉，这就是“田忌赛马”。

田忌很喜欢赛马，可是和齐威王比赛的时候经常输，他很不服气。有一次，他又和齐威王赛马，他手下的谋士孙膑就告诉自己有办法能够赢得比赛。田忌一听，立刻就请孙膑赐教。

原来，赛马的规则是这样的：马匹分为上、中、下三等，按照等级进行比赛，最终以三局两胜来分出胜负。孙膑调换了马匹的出场顺序，用自家的下等马和齐威王的上等马比赛，自然是输掉了这一局；用自家的中等马去和齐威王的下等马比赛，就扳回了一局；最后用上等马去和齐威王的中等马比赛，结果也赢了。根据三局两胜的规则，田忌就赢得了这次比赛的胜利。

故事解析

马匹还是原来的马匹，并没有进行调换，可是从全新的角度出发，竟然能够改变比赛的结果，这就是换一个角度思考的力量。

人是多面性的，事物同样具有多面性，任何事情都不能一概而论。在生活中，有些事情或许看似是不好的，可如果换个角度，就会有新的发现。

有些事情，表面上看或许是坏事，可是换一种角度，或许就能变成了好事。比如受到了打击，可同样我们也因此而得到了锻炼；比如遭到了朋友的背叛，可幸运的是我们及早发现。正所谓，塞翁失马，焉知非福。不要因为挫折而感到沮丧，因为正是这些让我们成长，也不要因为荣誉而得意忘形，因为这一切都只能证明过去的一点成就。

故事穿越

小说《三国演义》中有这样一个故事，叫作“空城计”。

话说，马谡没有守住战略要地——街亭，在此之后，司马懿率领15万大军向诸葛亮所在的西城蜂拥而来。当时的情况非常紧急，诸葛亮身边没有一员武将，也没有多少兵马，所以当他们听到司马懿来犯的时候，都认为西城也守不住了。

在这个紧要关头，诸葛亮登城远眺，心生一计，对众人说：“大家切勿惊慌，容我略用计谋，定可教司马懿退兵。”

诸葛亮作为蜀国第一谋士，很多人都非常信任他，于是就听他调遣。诸葛亮命令，将所有的城门全部打开，让士兵们装作百姓模样，在城内洒水扫街，自己则带领两名书童坐在城墙之上，燃香抚琴。

果然，不出一个时辰，司马懿就带领大军抵达城下。司马懿隔空看着诸葛亮，只见他泰然自若，没有丝毫慌张的样子，而前方打探的士兵也告诉司马懿，城里的百姓也都没有半点惊慌的样子。司马懿心中一想，此地不宜久留，不知诸葛亮还有什么招数等到老朽，于是下令撤退。

他的儿子司马昭非常不解，说道：“父亲，儿臣以为诸葛亮城中并无重兵把守，他这样做无非就是故意营造出相安无事的样子，您为何要退兵呢？”

司马懿说：“诸葛亮一生谨慎，不曾冒险。所以他这样做，一定是在城内埋伏了精兵，如果我们贸然进入，正好是中了他的计谋。”

而诸葛亮这一方，同样也有大臣非常不解，询问道：“丞相，司马懿乃是魏国名将，为何今日匆忙退兵呢？”

诸葛亮回答说：“司马懿老谋深算，但却生性多疑，所以这种非常明显的计谋反而有用。如果今天是曹操、司马昭作为主帅，我是绝对不敢这样做的。”

就这样，诸葛亮凭借自己的智慧，成功地扭转了败局。

故事微语

“空城计”这则故事主要是体现了诸葛亮的谋略，可同样也带给了我们一些启迪。诸葛亮之所以能够采用这个方法击退司马懿，最主要的原因就是他懂得站在司马懿的角度去观察问题。他很清楚司马懿的为人，也了解司马懿的优点、劣势，自然就能够做到“知己知彼，百战百胜”。

在工作、学习过程中，我们也常常遇到一些难题，甚至会因此而感到棘手。可是在烦恼的时候，不妨换个角度看待，就如同诸葛亮站在司马懿的角度思考，我们也能够站在旁人的角度观察问题，就能够理智地分析，豁然开朗，甚至找到解决问题的方法。

除此之外，我们偶尔也会陷入到自己的思绪中无法自拔，常常被这些情绪所左右，沉浸于某种思绪，便容易一叶障目，把自己的认知当成了真理，可这种主观认知常常是错误的。往小了说，或许只会成为一时间的心理包袱，如果太过严重，甚至有可能影响我们的人生。

所以，无论遇到什么样的问题，心里有再多的负面情绪，不妨先努力让自己冷静下来，尝试着换个角度，或许就能够柳暗花明又一村，或许就能够理智客观地面对人生。这未尝不是一个好的方法。

心灵箴言

横看成岭侧成峰，远近高低各不同。

——苏轼

一千个观众眼里就有一千个哈姆雷特。

——[俄] 别林斯基

人生的价值，并不是用时间，而是用深度量去衡量的。

——[俄] 列夫·托尔斯泰

如果说我比别人看得更远些,那是因为我站在了巨人的肩上。

——[英] 牛顿

乐观者在一个灾难中看到一个希望，悲观者在一个希望中看到一个灾难。

——英国谚语

激昂澎湃，每天给自己一个希望

故事话题

“希望”究竟能给人类带来多大的影响，曾经有无数的心理学家专门研究过这个课题，并且通过实验证明，对于任何一种生物而言，希望的影响力非常巨大。

一位美国的心理学家做过这样一个实验，他准备了一个装了一半水的器皿，然后将两只小白鼠放在器皿中。小白鼠很怕水，所以刚一进入器皿中就开始拼命挣扎。它们挣扎了5分钟之后，渐渐地放弃了。在这个时候，心理学家在器皿里放了一个小木板，两只小白鼠凭借本能爬上了木板。让小白鼠再适应一段时间，心理学家将小白鼠放了出来。

又过了几天，仍然是相同的器皿和水量，心理学家仍然将这两只小白鼠放到器皿中，这一次，它们挣扎了24分钟，比上一次时间竟然延长了19分钟。

根据这两个实验，心理学家得出了一个结论：“两只小白鼠第一次进入器皿，只懂得依靠体力来挣扎求生；第二次进入器皿的它们有了一种‘精神力量’，就是第一次死里逃生的经验，所以它们能够坚持24分钟。”

故事解析

对于小白鼠而言，希望或许就是在它们精疲力尽时刻“从天而降”的木板，对于人类而言，希望就不再是任何具象的物品，而是精神上的寄托。

毫不夸张地说，希望之于我们，是一股神奇而强大的力量。尽管我们每个人心中的希望不尽相同，可每个人都是为了希望而活。正如同很多老人所说：“人活着，就得有个奔头儿。”尽管这句话朴实无华，却蕴藏了一个最浅显的道理。

希望，就是我们内心深处的一颗种子，是对未来、对梦想、对人生充满奋斗的态度。因为心中有了希望，并且为之奋斗，我们自然有所收获，抵达理想的彼岸。

在生活中，因为心中怀有希望，我们的生活就会充满了美好；在工作中，因为心中怀有希望，我们便能够胜任一切挑战；即使是面对挫折和失败，因为心中怀有希望，也能够给我们从头再来的勇气。

所以，无论人生中遇到什么事情，都不要忘记在心中留下希望的火种，微笑面对。

故事穿越

2008年5月12日，中国四川省汶川发生了严重的地震灾害。一时之间，救援部队、医疗部队和志愿者纷纷来到灾情最为严重的地方，想赶在“黄金救援时间”之内，救出那些压在废墟之下的同胞。在那一段时间，涌现出了很多感人事迹，其中有一则故事非常有趣，且发人深思。

故事的主角叫作薛枭，被网友们亲切地称呼为可乐男孩。

救援人员发现他的时候，已经是地震发生之后的第80个小时，当时薛枭和他的几名同学都被压在废墟之下，有几名学生已经不幸遇难，当时还有生命迹象的就剩下薛枭和另一个女孩。

薛枭对救援人员说明了里面的情况，以及那个女孩的大概位置，并且要求：“先救那个女孩吧，我是男人！”

救援人员商量了一下救援方案，并且一边鼓励他一边撬开石块。薛枭仍然坚持先救女孩，直到一个救援人员告诉他，谁先谁后是要看救援时候的具体情况，这个无法做保证，但一定不会放弃任何一人。

但是天生乐观的薛枭却在这个时候表现出了一份童真的幽默，他对救援官兵说：“等我出去了，一定要吃自己最想吃的东西。”

救援人员也笑了，就问他：“那你最想吃什么？”

“我很渴，一定要先喝一瓶可乐。”说完，他还补充道：“要冰冻的那种！”

救援人员立刻答应他：“成，等你出来，我一定给你找一瓶冰冻可乐。”

在灾难过后第80个小时，薛枭终于平安获救，救援人员一颗悬着的心也就此放下。

谁知就在将薛枭抬上救护车的时候，他突然对救援人员说，“叔叔，别忘了我们的约定，我要喝可乐”。

救援人员都笑了，纷纷表示一定会找到一瓶可乐。薛枭又说：“一定要冰冻的。”

这一幕被电视台的镜头记录下来，立刻引起了网友的热议，大家都被薛枭这份勇敢和在困境中仍然充满了希望的精神所感动。

故事微语

希望，并不仅仅能带领我们完成梦想，追逐人生，更能够支撑我们走过生命中最黑暗的时刻。每个人的人生都如同一条曲曲折折的线，既有辉煌的顶点，也会遭遇低谷的绝望。在最辉煌的时候，仍然保持一颗平常心，在最绝望的时候，也要在心灵世界点亮一盏灯。只有这样，我们的人生才充满了意义。

希望不仅仅能够突破黑暗，同时也能突破身体的极限，就如同“可乐男孩”那样，在没水没食物的情况之下，仍然坚持了 80 个小时，最终赢来了生命的曙光。和他相比，一点点困难和打击算不了什么，没有什么难题能够击垮我们。

所以，让希望永远填充心灵，就能够驱散内心的一切黑暗，让我们在人生旅途中奔向成功的方向。

心灵箴言

历史给我们的最好的东西就是它所激起的热情。

——[德] 歌德

人应当具有激情，但是也应当具有驾驭激情的本领。

——[丹麦] 玻尔

热情常使最机灵的人变成疯子，同时也可使最愚蠢的人变得聪明起来。

——[法] 拉罗什富科

激情，这是鼓满船帆的风。风有时会把船帆吹断；但没有风，帆船就不能航行。

——[印度] 泰戈尔

我们的激情实际上像火中的凤凰一样，当老的被焚化时，新的又立刻在它的灰烬中出生。

——[德] 歌德

第五篇

绚丽人生，带着希望上路

有人曾经这样说过，人生就如同一个调色板，红色代表着热烈，橙色代表着欢快，黄色代表着明亮，蓝色代表着温和，而绿色就代表了希望。多姿多彩的生命，自然离不开希望，希望能够成就梦想，更能够带来乐观的心态，让我们领悟人生的真谛。

打开希望的心窗，眺望五彩缤纷的远景

故事话题

尼克•武伊契奇从一出生就和其他的小孩不一样，他天生没有四肢。医生告诉他的父母，这是极为罕见的“海豹肢症”。身边的很多人都劝他的父母，这样的小孩是没有未来的，不如趁着年轻再要一个小孩吧。可是父母却不愿意放弃任何希望，用更多的爱和包容关怀着尼克。

在父母细致入微的照顾下，尼克长大了，他心里非常清楚自己和普通的小孩不同，可是他不愿意因为这残缺的身体就一定过着残缺的生活，他发誓要像其他小孩那样学习、娱乐、生活。

就这样，抱着最大的希望，尼克开始了自学，并且尝试着设计电子手臂和双腿，希望通过这个方法能够让自己真正地站起来。为了能够适应生活，他开始锻炼用自己仅有两个指头的、被称作是“脚”的部位学习一切生活必需的能力，比如洗头、打电脑、游泳、运动……渐渐地，他甚至能够不需要别人的照顾而独自生活。

正是因为他心怀希望，激励了很多人，他被评选为“2005年澳大利亚年度青年”。很多高校也都邀请尼克进行演讲，向大家传达自己的信念。在演讲台上，尽管他只能站在演讲桌上，可是他的言语却依旧坚定。他说：“尽管我和别人不同，但是我要和别人拥有同样的未来。”

故事解析

一颗充满了希望的心，让尼克·武伊契奇战胜了自己身体上的缺陷，同时也收获了绚丽的人生。有很多时候，我们常常会因为一时的困境，让自己陷入绝望的情绪而无法自拔，甚至会感觉整个人生都是阴霾。抛开内心的束缚，让希望发光，照射进心灵的每个角落，自然就能够感受到生命的多姿多彩。

希望不仅仅是我们绝境中的曙光，更是情绪的过滤器。每个人都有喜怒哀乐，也都有因为情绪而受到影响的时刻，可我们不能成为情绪的奴隶，而是主动掌控情绪。

当我们失望的时候，心怀希望，便能克服失望带来的负面情绪；当我们悲伤的时候，心怀希望，就能够让我们用乐观的心态去面对生活。无论遇到什么情况，只要我们内心中给希望留下位置，就能够主宰我们的人生，继续奋力拼搏。

故事穿越

提到苏明娟这个名字，或者很多人都并不熟悉，可是提到“希望工程”，大家并不陌生。苏明娟就是“希望工程”成立之初公益照片的主角，也就是那个“大眼镜女孩”，拍下这张照片的就是摄影师解海龙。

在 20 世纪 80 年代末期，有很多农村地区的学生仍然因为贫困问题而无法继续念书，苏明娟就是其中一个。解海龙当时还只是一个摄影爱好者，一个偶然的机会他来到河北涞源县拍摄照片，恰好就看到了苏明娟坐在教室里，用一双善良的眼睛注视着这个陌生人。解海龙第一个反应就是，这个女孩的眼睛里传递出非常强力的“希望”，便不自觉地拍摄了这张照片。

后来，这张照片就成为“希望工程”公益活动的宣传图片，并且取名为《我要读书》。一时之间，很多人都被苏明娟的眼神所打动，都表示要支持“希望工程”。

时光荏苒，苏明娟也已经完成了自己的学业，成为银行的职员。在工作之后，她也一直在关注、支持着“希望工程”，并且表示，她要用自己的实际行动告诉世人，不管发生了什么，都不要放弃希望。

故事微语

一个“希望”，就能够改变一个人、上百人，乃至成千上万个人的命运。或许对于个人而言，希望只是存在于内心世界一个不会熄灭的火种，可是如果没有希望，世界将会变成什么样子呢？我们不敢想象。

希望，是人们内心深处对未来最美好的愿望，是心灵世界的一份寄托。人不能麻木地生活，尤其是在物质世界得到了相应地满足之后，就更会注重精神世界的充实。

心中怀有希望，如此魅力无限，令人义无返顾。心中有希望，就一定能够收获成功，就是因为这心无旁骛的眷恋，成就于千百般的奋斗之中。

心灵箴言

希望是附丽于存在的，有存在，便有希望，有希望，便是光明。

——鲁迅

每一个人对明天都有所希冀。每一个人对于未来总有个目的和计划。

——[波兰] 显克微支

能马上实现的希望催人行动起来，不能马上实现的希望则像麻醉剂一样起着安神的作用。

——[美] 霍弗

用人格点燃希望的激情

故事话题

电影《当幸福来敲门》讲述了一个真实的故事，故事的主角名叫克里斯•加德纳。在他年轻的时候，他是一个彻头彻尾的生活失败者，他失去了自己的工作，只能靠推销维持生计，他的妻子常常嫌弃他不能赚钱养家，只知道不切实际地幻想。后来，因为无法忍受贫困，她离开了这个家，留下了丈夫和年幼的孩子。

有一天，他在停车场里帮人停车，一个非常富有的年轻人找他帮忙，说只要停好车就给他 20 美金当小费。可是他拒绝了，因为他想知道这个富裕的年轻人是做什么工作的。年轻人告诉他，自己是股票经纪人。

克里斯•加德纳下定决心，也要成为一名专业的股票经纪人，可他没有学过任何股票知识，想要进入这个行业是非常困难的。凭借着毅力和人格魅力，他终于获得了一个机会，去华尔街非常著名的股票公司做实习生。可问题是，半年的实习期内，他没有任何报酬，这也就意味着，他必须还要找到另外的途径赚取生活费，才能维持这个希望。

为了希望，为了孩子，他卖过血，去领过救济金，甚至在救助站里过夜。这一切的磨难都没有打击他心中的希望，他积极地联络客户，并且迅速掌握了股票市场的相关知识。半年的实习期过后，他成为股票公司正式员工。后来，他自己开了一家股票经纪公司，成为了一名百万富翁。

故事解析

在每个人心中，都会有对生活的种种希望，可是想要实现这份希望，并不仅仅要依靠我们个人的努力，同样还需要我们的人格魅力。

克里斯·加德纳为了想要成为专业的股票经纪人，除了要学习相关的专业知识，同样也要学会如何在富人面前展现自己。尽管当时他只是一个穷小子，可在面对自己的客户的时候，他仍然非常自信；尽管当时他只是公司的实习生，可是在面对自己的领导的时候，仍然能够与理据争，而不是选择溜须拍马。

人格，是我们作为独立个体与社会环境相互作用表现出的一种独特的行为模式、思想模式和情绪反应的特征，这不仅仅取决于每个人所受教育、家庭环境种种因素的影响，同样也和我们每个人的价值观、人生观等诸多因素有着紧密的联系。

无论我们的梦想是什么，无论我们的希望是什么，人格就如同我们身上的标签，成为征服别人的武器。人生如同战场，人格为我们保驾护航，只有当我们注重自己的人格培养，才能够成为别人眼中的骄子。

故事穿越

篮球明星姚明出生于篮球世家，因为受到家庭环境的熏陶，从小他就展现出卓越的篮球天分。14 岁进入上海青年队，17 岁入选国家青年队，18 岁进入了中国国家队。

当然，真正让姚明名扬世界的，还是他以状元秀身份被 NBA 的休斯敦火箭队选中，成为 NBA 赛场上为数不多的亚洲明星。

一个亚洲人能够在篮球顶级王国内展现风采对于中国的篮球迷而言是一件非常值得骄傲的事情，但这并非是姚明本人最大的希望。如果要问姚明，作为一名篮球运动员，你最大的希望是什么，姚明都会坚定地回答，要带领中国篮球冲出亚洲。

所以，无论他在 NBA 赛场上的比赛多么忙碌，只要中国国家队需要他，他立刻回到球队中。这种爱国情怀让球迷更加敬佩他。

故事微语

人格并不仅仅是指我们每个人在处理事情时候的某些原则，更重要的是我们在潜意识中对社会、对他人、对工作等一系列的反馈。

一般来说，人格包含着所谓的性格和气质，而这些的培养有助于我们在人生旅途中的奋斗，更有助于我们实现梦想。

一个有人格的人，在自己的内心深处就会有非常强力的原则性，这种原则性，不仅仅能够让我们更加严格要求自己，更能够让我们在面对人生诱惑的时候，懂得克制自己的欲望。每个人的人生都不可能不需要别人的帮助，人格魅力，往往能够让我们在人脉关系中形成良好的口碑，这些都是人格带给我们的优势。

心灵箴言

患难困苦，是磨练人格之最高学校。

——梁启超

丧失人格的诗人比没有诗才而硬要写诗的人更可鄙，更低劣，更有罪。

——[法] 雨果

一个人必须剔除自己身上的顽固的私心，使自己的人格得到自由表现的权利。

——[俄] 屠格涅夫

成人的人格的影响，对于年轻的人来说，是任何东西都不能代替的最有用的阳光。

——[俄] 乌申斯基

假如有人出卖生命水，要别人以人格作代价，聪明人决不肯买；因为耻辱地活着不如光荣地死去。

——[波斯] 萨迪

跑起来，人生因奔跑而精彩

故事话题

曾经有一部经典影片感动了无数人，也激励了无数人，这就是《阿甘正传》。

阿甘是一个智商只有 75 的低能儿，因为这个原因，他的父亲离开了这个家庭，只留下阿甘和母亲相依为命。自幼阿甘就知道自己和其他小朋友不同，可是母亲却一直教育他，他和其他小朋友一样，都是希望一般的存在，只要通过自己的努力，没有什么是无法实现的。

阿甘进入学校之后，自然就要面对其他同学的嘲笑，这个时候他选择了用“奔跑”来发泄心中的情绪。

或许连他自己都没有想到，因为奔跑的能力，他先是成了一名橄榄球明星，后来又在战火中成为一名勇往直前的战士，退伍后成为一名企业家，并且成为美国的名人。

因为心中对生活充满了希望，阿甘不仅仅完成了对母亲的承诺，要和正常一样地生活，更活出了属于阿甘的精彩。

故事解析

奔跑，只是一个动作，可是奔跑背后的坚持和奋斗，却是我们每个人在人生中最大的力量。

阿甘的奔跑，并不仅仅是一个动作，更重要的是，他永不放弃的毅力。在我们的人生中，同样需要这样的信念。奔跑，并不仅仅是一个简单的运动，而是我们在人生旅途上的信仰。

有很多时候，我们会遇到困难，可是奔跑的过程中同样也会有障碍，只要拥有决心跨越，这些都不会成为我们的阻碍。

所以，迎着朝阳，向着我们内心的希望一路狂奔，直至生命的重点。

故事穿越

1873 年，一个叫雷·尤里的小男孩出生在美国印第安纳州，可是体弱多病的他在出生后没多久就患上了小儿麻痹症，造成了局部肌肉萎缩。在当时那个年代，小儿麻痹症只能通过加强锻炼和加负矫正等措施进行治疗，所以医生告诉雷·尤里，如果想要和其他小朋友一样跑跑跳跳，就要坚持每天练习立定跳远。

最开始的时候，雷·尤里常常因为姿势不正确、腿部没有力量而摔倒，可是他却从来都没有放弃过心中的希望，仍然刻苦练习。经过长时间的苦练，雷·尤里的腿部肌肉终于渐渐恢复，并且变得非常有力。

在第二届奥运会上，雷·尤里一举拿下了立定跳远、立定三级跳远和立定跳高三项项目的金牌，因为他的姿态非常漂亮，双腿蹬地的动作非常像青蛙，所以人们称呼他为“蛙人”。后来，他先后参加了多次奥运会，一共获得了 10 块奥运会金牌。当他站在颁奖台上领奖的时候，又有谁能够想到，他曾经是一名小儿麻痹症患者呢？

故事微语

每个人都会遭遇自己挫折，就如同雷·尤里这样，但是他始终没有放弃自己，而是充分调动起自己的主观能动性，不仅改变了自己的命运，同时也赢得了世人的尊重。

遇到困难，并不是最可怕的事情，正如同我们每个人在长跑的时候，总会有那么一刻，感觉自己的身体已经达到了极限。可当我们忍过了这段时间，接下来的路程就会变得相对轻松许多。

这就是奔跑带给我们的启示，其实我们的人生就如同跑步一样，总会遇到一些坎坷，让自己认为已经无力承担，或者是无法战胜，可是只有坚持才能够收获最后的成功。

心灵箴言

如果有什么需要明天做的事，最好现在就开始。

——[美] 富兰克林

盛年不重来，一日难再晨，及时宜自勉，岁月不待人。

——陶渊明

据我观察，大部分人都是在别人荒废的时间里崭露头角的。

——[美] 福特

仁爱和奉献，照耀生命开花的阳光

故事话题

1989年春节联欢晚会上，歌手韦唯以一首《爱的奉献》打动了亿万观众，而这首歌背后也隐藏着一个关于“希望”和“奉献”的故事。

有一个成绩优异的中学生不幸患上了严重的肾病，必须要接受换肾手术，否则就会有生命危险。可他的父母只是个普通的工薪阶层，面对巨额的医药费，根本就无力承担。很快，学校就知道了学生的病情，就组织了全校师生为这名学生募捐，甚至还联系了报社，希望能够借助媒体的力量给学生寻找帮助。

最先报道这个事情的便是《北京晚报》，很多读者纷纷给报社打电话，希望能够献一份爱心，让这名品学兼优的学生能够重新拥有一份希望……就这样，这名孩子很快就得到了医治。

音乐家黄奇石听说了这个故事之后，倍受感动，就创作了这首《爱的奉献》。正如这首歌中所唱：“只要人人都献出一点爱，世界将变成美好的人间。”

故事解析

社会如同一个整体，每个人都不可能独立于社会而存在，想要在自己困难的时候获得帮助，在平时就需要有一颗仁爱之心，就需要有一点奉献精神。

中华民族遭遇过无数坎坷，无论是天灾还是人祸，可是每到这个时候，每一个华夏儿女都会献出自己的爱心和能量。比如汶川地震，一方有难八方支援，在短短几天的时间内，救援工作就顺利展开，挽救了无数受灾群众；比如抗日战争，当外敌入侵，每个炎黄子孙为了民族大义、为了国家，甚至献出了自己的生命。

仁爱，是对他人的关怀和包容，奉献，更是自身价值的体现。无论在何时何地，这两者都是人性最美好的闪光点。

故事穿越

雷锋同志一直都是默默奉献着自己的光和热，并且通过点滴小事成为别人的榜样，给他们带去希望。

1960 年初夏的某一个星期天，雷锋因为肚子疼就到卫生部开了些止痛药。正准备回到部队，恰好看到一个建筑工地上的工人们正在搬运砖头，其中有几个工人已经有些疲倦了。看到这个场景，雷锋立马充满了干劲，推起一辆手推车就加入到运砖的队伍中。

看着他劲头十足的模样，很多工人的干劲也被激发出来，双方甚至展开了比赛，看谁运砖运的次数多。就这样，这一天的工作量竟然提前两个小时就完成了。

工地的广播人员过来准备采访雷锋，可是雷锋却说：“我是为社会主义建设添砖加瓦，我和大家一样，只尽了自己的一点义务，也算是有一份力尽一份力。”而其他工人也表示，尽管自己当时已经非常疲惫了，可是看着这个小战士干得如此卖力，我们也不能输嘛，更何况，把他当做自己的目标，反而忘记了身体上的疲惫。

故事微语

人性的美好，就体现在仁爱和奉献之上。有人曾说，有了付出就会得到收获，可是付出和收获有很多时候却并不能够用金钱来作为衡量。

雷锋同志的奉献，虽然看似微弱，只是在日常生活中对周围人的点滴关怀，可是长期坚持，这种大爱情怀，就能够感染到身边每一个人。

在我们的生活中，常常也会遇到这样的情况，无论出于何地，只要有人能够关心我们，就仿佛充满了无穷力量。所以，请用心中的仁爱和奉献，点亮生命之花。

心灵箴言

贤者不悲其身之死，而忧其国之衰。

——苏洵

春蚕到死丝方尽，蜡炬成灰泪始干。

——李商隐

生命的多少用时间计算，生命的价值用贡献计算。

——[匈牙利] 裴多菲

绿叶丝毫不嫉妒花朵，而且为花朵的美丽勤垦地工作着。

——佚名

渴望不朽，希望不灭

故事话题

著名女作家萧红，出生在黑龙江省哈尔滨市呼兰区一个家境比较富足的家庭中，可是由于父母的思想非常传统守旧，认为女子无才便是德，所以在萧红刚刚十几岁的时候，就给她说下一门亲事，可是受过教育的萧红非常向往北平，想要到北平念大学。

后来，萧红选择了离家出走，没想到的是，父母竟然采取经济制约的方式来表达自己的不满。身在北平的萧红身无分文，过得非常狼狈。就在这个时候，她的未婚夫来到了北平，萧红很是感动，可是没想到一段时间之后，未婚夫竟然一走了之，将身无分文的萧红留在了旅馆之中。

因为欠旅店的钱，萧红只能被当做人质扣押在旅店之中。即便是在这种非常艰难的情况下，她仍然没有放弃心中的希望。萧红积极地给报社写信，希望能够寻求到帮助，并且由此认识了她生命中第一个非常重要的男人——萧军。

在脱离了旅馆囚禁的日子里，萧红和萧军的生活同样困苦不堪，可是无论多么饥饿、多么贫穷，他们两个人一直坚持着写作，并且约定一定不给当时的伪满洲国工作。除了希望之外，在他们的心中，还有这一份信仰。

后来，一次偶然的机会，萧红和萧军结识了鲁迅先生，有了鲁迅先生的推荐，两个人的作品顺利出版，后来成为著名作家。

故事解析

希望，是我们内心深处对于生活最大的渴望，它有可能是人生目标，有可能是情感寄托，有可能是精神信念，可是无论是什么，只要心中有着希望，人生路途就如同有了指路明灯。

每个人的希望并不是单一的，会随着生活、阅历发生着种种变化，可这些希望有着同样的一个作用，就是让我们充满了斗志。

只要生命不止，希望就不灭；希望不灭，梦想就不会因此而中断。

故事穿越

梁思成和林徽因这对民国时期非常著名的夫妻，两个人携手在美国学习建筑学的时候，就在内心深处种下了一个希望——有朝一日，一定要使东方建筑学和西方建筑学相互结合起来，并且要在中国的高校中，设立属于自己的建筑学。

为了实现这个梦想，两个人在美国刻苦读书，就连自己的结婚蜜月都安排在欧洲各国，并不是为了欣赏美景，而是为了实地考察西方各个国家的建筑特色。

在两个人回国之后，就在东北某高校成立了建筑系，尽管当时报考建筑系的学生并不多，可是夫妻二人仍然很认真地安排课程，甚至在林徽因怀孕期间，仍然坚持带领学生去做实地考察。

尽管林徽因因为文学才能而成为当时久负盛名的才女，可是她最大的希望是和梁思成一起成为建筑学方面的老师。即便是在抗日战争时期，两个人仍然不顾局势动荡，到很多名胜古迹去进行考察，就是为了自己心中的希望。

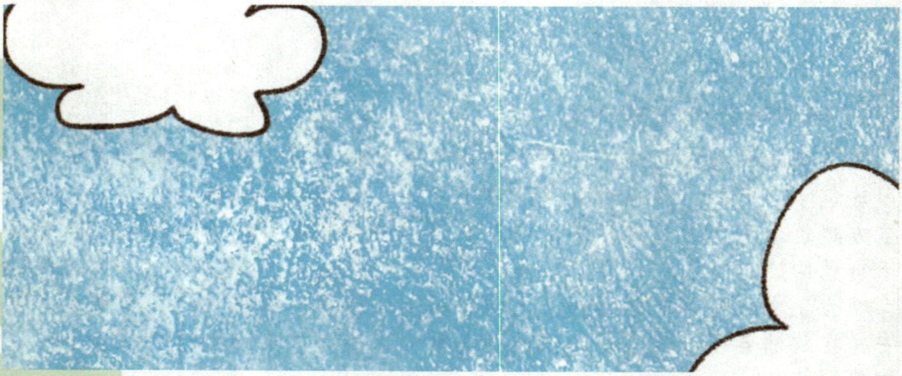

故事微语

希望，就如同是人生旅途中的指路明灯，又如同黑暗中的熊熊火焰。人活在世，不能没有希望而活，更不能没有目标、没有梦想。

尽管梦想是遥远的，实现目标的道路是艰难的，可是我们心中的希望火种未灭，就拥有无限的可能，因为希望就代表着我们的未来。

或许有人会说，每个人的生命是有限的，可是生命却能够通过各种方式得以延续，甚至成为祖祖辈辈的精神财富。所以，无论何时何地，都不要放弃心中的希望。

心灵箴言

人生的价值，即以其人对于当代所做的工作为尺度。

——徐玮

人生的价值，并不是用时间，而是用深度去衡量的。

——[俄] 列夫·托尔斯泰

人生应该如蜡烛一样，从顶燃到底，一直都是光明的。

——萧楚女

人的一生应当这样度过：当回忆往事的时候，他不至于因为虚度年华而痛悔，也不至于因为过去的碌碌无为而羞愧；在临死的时候，他能够说：“我的整个生命和全部精力，都已经献给世界上最壮丽的事业——为人类的解放而斗争。”

——[苏联] 奥斯特洛夫斯基

心灵榜样微史话

列宁

列宁，原名弗拉基米尔·伊里奇·乌里扬诺夫，列宁是他的笔名。世界著名的俄国革命家、政治家、思想家、理论家、实践家。他是世界上第一个社会主义国家——苏维埃政权的缔造者，布尔什维克党的创始人，俄国十月革命的领导人，担任苏联中央人民委员会的主席。他传承了马克思主义，并形成列宁主义。被全世界的共产主义接班人普遍认同为“国际无产阶级革命的伟大导师和领袖”。

加加林

尤里·阿列克谢耶维奇·加加林（1934—1968），世界第一名航天员，前苏联的航天英雄，前苏联红军上校飞行员，是第一个进入太空的地球人。

加加林生于苏联斯摩棱斯克州格扎茨克区的克卢希诺镇一个集体农庄庄员家庭，白俄罗斯人。1955 年从萨拉托夫工业技术学校毕业后参军。1957 年在契卡洛夫第一军事航空飞行员学校结业，成为红旗北方舰队航空兵歼击机飞行员，同年与瓦莲京娜结婚。1960 年被选为航天员，加入苏联共产党。1968 年 3 月 27 日因飞机失事遇难，但具体死因仍众说纷纭。

卓别林

卓别林，1889 年出生于英国后移居美国是著名的喜剧演员，导演，制片人，反战人士，后来也成为一名非常出色的导演，尤其在好莱坞电影的早期和中期他非常成功和活跃。他奠定了现代喜剧电影的基础，卓别林戴着圆顶硬礼帽和礼服的模样几乎成了喜剧电影的重要代表，往后不少艺人都以他的方式表演。作为一个从无声片时代成功过渡到有声片时代的喜剧大师，卓别林留给后世的精神财富难以估量。

爱迪生

托马斯·阿尔瓦·爱迪生（1847—1931），他是世界著名的发明家、物理学家，更是一名成功的企业家，同时拥有超过 2000 多项重要的发明专利。因此，他被传媒称为“门洛帕克的奇才”。

他是人类历史上第一个利用大量生产原则和电气工程研究的实验室来进行从事发明专利而对世界产生重大深远影响的人。

爱迪生，1847 年 2 月 11 日出生于美国中西部的俄亥俄州一个叫米兰的小市镇。他的父亲是荷兰人的后裔，母亲曾当过小学教师，是苏格兰人的后裔。

爱迪生从小并没有展现出过人的天赋，并且因为常常问一些“愚蠢的问题”被学校除名。

1867 年，爱迪生以报务员的身份来到了波士顿。就在这一年，他获得了第一项发明专利权——自动记录投票数的装置。

从 1872 年到 1875 年，短短的三年时间，爱迪生就先后发明了二重、四重电报机，还协助别人制造了世界上第一台英文打字机。自此之后，他走上了发明的道路。

诸葛亮

诸葛亮（181—234），字孔明，号卧龙（也作伏龙），汉族，徐州琅琊阳都（今山东临沂市沂南县）人，三国时期蜀汉丞相，杰出的政治家、军事家、散文家、书法家、发明家。在世时被封为武乡侯，死后追谥忠武侯，东晋政权因其军事才能特追封他为武兴王。其散文代表作有《出师表》、《诫子书》等。曾发明木牛流马、孔明灯等，并改造连弩，叫作诸葛连弩，可一弩十矢俱发。于建兴十二年（234 年）在五丈原（今宝鸡岐山境内）逝世。被追谥为忠武侯，故后世常以武侯、诸葛武侯尊称诸葛亮。诸葛亮一生“鞠躬尽瘁、死而后已”，是中国传统文化中忠臣与智者的代表人物。

萧红

萧红，1911 年生于黑龙江省哈尔滨市呼兰区。著名女作家。被誉为“30 年代文学洛神”。1935 年，在鲁迅的支持下，发表了成名作《生死场》。1936 年，为摆脱精神上的苦恼东渡日本，并写下了散文《孤独的生活》，长篇组诗《砂粒》等。1940 年与端木蕻良同抵香港，之后发表了中篇小说《马伯乐》和著名长篇小说《呼兰河传》。

梁思成

梁思成(1901—1972)，广东省新会人，中国科学史事业的开拓者，著名的建筑学家和建筑学教育学家。毕生从事中国古代建筑的研究和建筑教育事业。系统地调查、整理、研究了中国古代建筑的历史和理论，是这一学科的开拓者和奠基者。曾参与人民英雄纪念碑等设计，是新中国首都城市规划工作的推动者，建国以来几项重大设计方案的主持者。是新中国国旗、国徽评选委员会的顾问。

林徽因

(1904—1955)，福建闽县(今福州市区)人，出生于浙江杭州，原名林徽音，其名出自“《诗经·大雅·思齐》：大姒嗣徽音，则百斯男”。后因常被人误认为当时一作家林微音，故改名徽因。林徽因是中国著名女诗人、作家、建筑学家。人民英雄纪念碑和中华人民共和国国徽深化方案的参与设计者、建筑学家梁思成的第一任妻子。三十年代初，同梁思成一起用现代科学方法研究中国古代建筑，成为这个学术领域的开拓者，后来在这方面获得了巨大的学术成就，为中国古代建筑研究奠定了坚实的科学基础。文学上，著有散文、诗歌、小说、剧本、译文和书信等，代表作《你是人间四月天》，《莲灯》，《九十九度中》等。其中，《你是人间四月天》最为大众熟知，广为传诵。

雷锋

雷锋同志 1940 年 12 月 18 日出生，他是全心全意为人民服务的同志、中国人民解放军战士、伟大的共产主义战士。

作为一名中国人民解放军战士，雷锋一直热心助人，他的作品《雷锋日记》令无数读者为之动容，“雷锋精神”激励着一代又一代人学习。

1963 年 3 月 5 日，毛泽东同志亲笔题词“向雷锋同志学习”，更是将 3 月 5 日定为“雷锋纪念日”。

雷锋同志出生在一个贫困的农民家庭，5 岁那年，他的父亲雷明亮反抗日寇时，遭受毒打，因为没钱治病，不久就去世了。他哥哥雷正德 12 岁就去当童工，因为岁数小，被饿成了皮包骨，最终不幸染上了肺结核也去世了。雷锋的弟弟也不幸被饿死在家中。更不幸的是，雷锋唯一的亲人——他的母亲，受到地主的凌辱后，于 1947 年中秋之夜悬梁自尽。

年仅 7 岁的雷锋从此沦为孤儿，在六叔公和六叔奶奶的拉扯下，艰难地活了下来。后来，他光荣地成为一名解放军战士，并且一心一意“为人民服务”。

1962 年 8 月 15 日，在指挥乔安山倒车时不幸被电线杆砸到头颅部，当场昏死，经 202 号医院抢救无效，身亡。年仅 22 岁。

李素丽

李素丽，1962 年出生，中共党员，公交“李素丽服务热线”负责人。曾任北京市公交总公司公汽一公司第一运营分公司 21 路公共汽车售票员。她自 1981 年参加工作后，在平凡的岗位上，把“全心全意为人民服务”作为自己的座右铭，真诚、热情地为乘客服务，被誉为“老人的拐杖，盲人的眼睛，外地人的向导，病人的护士，群众的贴心人”。她认真学习英语、哑语，并努力钻研心理学、语言学，利用业余时间走访、熟悉不同地理环境，潜心研究各种乘客心理和要求，有针对性地为不同乘客提供满意周到的服务。她曾获“全国‘三八’红旗手”等荣誉称号。

心灵修养用语微解

果断：意思是决断，不犹豫；认清关键所在做出困难决定。出自《书·周官》，唐代 陈子昂《为建安王答王尚书送生口书》。

奉献：“奉”，即“捧”，意思是“给、献给”；“献”，原意为“献祭”，指“把实物或意见等恭敬庄严地送给集体或尊敬的人”。两个字合起来，奉献，就是“恭敬的交付，呈献”。

微笑：是弯曲的嘴两端附近的肌肉所形成的面部表情。在人与人之间，它是一个表达方式，表示愉悦、欢乐、幸福或乐趣，但也可以是一个焦虑的非自愿性的表达，在这种情况下，它是作为一个鬼脸。微笑是不分文化、种族或宗教，每个人都能理解的，它是国际通用的。

人格：这个概念源于希腊语 Persona，原来主要是指演员在舞台上戴的面具，类似于中国京剧中的脸谱，后来心理学借用这个术语用来说明：在人生的大舞台上，人也会根据社会角色的不同来换面具，这些面具就是人格的外在表现。面具后面还有一个实实在在的真我，即真实的自我，它可能和外在的面具截然不同。

全神贯注：全部精神集中在一点上。形容注意力高度集中。

永不放弃：永不放弃表示决定了的事情一定会尽全力去做，不达目的不罢休的一种精神！

一心一意：只有一个心眼儿，没有别的考虑，十分专注。出处《三国志·魏志·杜恕传》：“免为庶人，徙章武郡，是岁嘉平元年。”裴松之注引《杜氏新书》：“故推一心，任一意，直而行之耳。”

信手拈来：出自苏轼《次韵孔毅甫集古人句见赠》：“前身子美只君是，信手拈来俱天成。”解释为随手拈取过来。多形容写作诗文时运用材料、驾驭语言随意自如。连动式；做谓语、定语、状语；用于写作等，后不可加宾语。

不拘小节：不为无关原则的琐事所约束。多指不注意生活小节。出自《后汉书·虞延传》：“性敦朴，不拘小节。”宋·沈括《梦溪续笔谈》：“寇忠愍 拜相白麻，杨大年之词间四句曰：‘能断大事，不拘小节。有干将之器，不露锋芒；怀照物之明，而能包纳。’”清·纪昀《阅微草堂笔记·滦阳消夏录四》：“献县史某，佚其名，为人不拘小节，而落落有直气。”

持之以恒：谓有恒心，持续不间断，老是那么一股劲地进行。语出曾国藩《家训喻纪泽》：“尔之短处，在言语欠钝讷，举止欠端重，看书不能深入，而作文不能峥嵘。若能从此三事上下一番苦工，进之以猛，持之以恒，不过一二年，自尔精进而不觉。”京剧《串龙珠》：“男勤耕女事勤织各务其正，休荒嬉莫堕落持之以恒。”

一屋不扫何以扫天下：这句话的原文并非如此其真正的原文是：“一室之不治，何以天下家国为？”——《习惯说》刘蓉(清)《后汉书》中第五十六章《陈王列传》《孟子》中也有记载。

塞翁失马焉知非福：也作塞翁失马，安知非福。比喻一时虽然受到损失，反而因此能得到好处。也指坏事在一定条件下可变为好事。形容人的心态，一定要乐观向上，任何事情都有两面性，不好的一面，有可能向好的一面转化。语出《镜花缘》第七回：“处士有志未遂，甚为可惜，然塞翁失马，安知非福？”鲁迅《呐喊·阿Q正传》：“但真所谓‘塞翁失马安知非福’罢，阿Q不幸而赢了一回，他倒几乎失败了。”

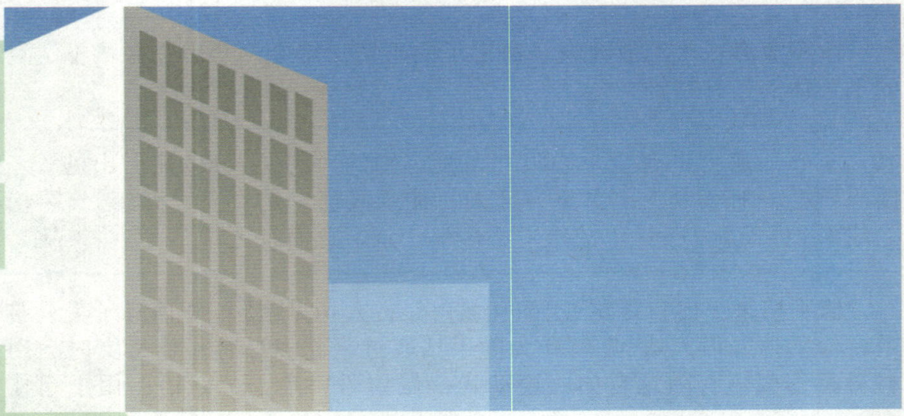